经典科学系列

可怕的科学
HORRIBLE SCIENCE

身体使用手册
BODY OWNER'S HANDBOOK

〔英〕尼克·阿诺德／原著　〔英〕托尼·德·索雷斯／绘　韩庆九／译

北京出版集团

北京少年儿童出版社

著作权合同登记号

图字:01-2009-4325

Text copyright © Nick Arnold

Illustrations copyright © Tony De Saulles

Cover illustration © Tony De Saulles，2009

Cover illustration reproduced by permission of Scholastic Ltd.

图书在版编目（CIP）数据

身体使用手册 /（英）阿诺德（Arnold，N.）原著；（英）索雷斯（Saulles，Tony. D.）绘；韩庆九译 . —2版 . —北京：北京少年儿童出版社，2010.1（2024.10 重印）
（可怕的科学·经典科学系列）

ISBN 978-7-5301-2369-0

Ⅰ.①身… Ⅱ.①阿… ②索… ③韩… Ⅲ.①人体学—少年读物 Ⅳ.①Q98-49

中国版本图书馆 CIP 数据核字（2009）第 183432 号

可怕的科学·经典科学系列

身体使用手册

SHENTI SHIYONG SHOUCE

［英］尼克·阿诺德　原著

［英］托尼·德·索雷斯　绘

韩庆九　译

*

北 京 出 版 集 团

北 京 少 年 儿 童 出 版 社　出版

（北京北三环中路6号）

邮政编码:100120

网　　址 : www . bph . com . cn

北 京 少 年 儿 童 出 版 社 发行

新 华 书 店 经 销

三河市天润建兴印务有限公司印刷

*

787 毫米×1092 毫米　　16 开本　　10.5 印张　　50 千字

2010 年 1 月第 2 版　　2024 年 10 月第 65 次印刷

ISBN 978－7－5301－2369－0/N·157

定价：22.00 元

如有印装质量问题，由本社负责调换

质量监督电话：010－58572171

目 录

关于这本书

你和我，以及地球上每一个人都有些相同的地方。我们每个人都拥有行走和说话的机器。明白我的意思吗？那就是我们的身体。对了，我们每个人都是一个身体的所有者。我们要说的话题就从这里开始……

你知道，身体是需要许多照顾的，可是到现在为止，还没有一本使用手册来告诉我们应该怎么做！难怪身体的问题造成了这么多的不幸！如果有这么一本手册，教给我们如何做好身体的基本保养，避免身体的衰弱，不是非常好吗？

我们说的就是这个！猜猜是什么？你正在读啊！欢迎来看世界上第一本《身体使用手册》！

1

当然，世界上有许许多多不同的身体。走在街上，你会看到各种身体，高矮胖瘦，老人孩子，不同的身体需要维护和保养的程度也不同……

　　这本手册是为每一种身体设计的，自然也包括你的。

　　所以你要继续读下去，看看怎样才能发挥出你身体的最好能力。检查一下什么是对的，什么是错的。知道身体的每一部分的作用是什么，学习如何解决身体的问题，发现一切你想知道的关于身体的保养方案。

　　你要注意，有些身体问题虽然可怕，这本手册可不会退缩。

　　现在，我们就要进到你的皮肤下面了……

身体的部件

待一会儿我们将参观你的身体，查看一下里面不可思议的组成部分。但是首先……祝贺你拥有世界上最好的身体机器。确实如此，我们看看下面这则广告：

寻找新的身体？

为什么不选择真实而且是唯一的

人 体

这是地球上最先进的活着的机器，由最好的材料制成，图纸经过了20万年的反复修改。只要稍加照顾和关注，你的身体便可以提供超过80年的优质服务。

在这段时间里，你身体的服务范围包括：

的确如此。

老人

▶ 说10年的话。

▶ 吃3年半。

叽里呱啦！

咔哧！咔哧！

▶ 走22 500千米（每天走上19 000步，脚也不会掉下来）。

不停地走！

▶ 手指屈伸2500万次，不需要换新的关节。

▶ 心脏按照每分钟73次，每天105 120次的速度，可以不停地跳动25亿次（每天心脏可以供应8000—16 000升的血，而且不会胀破）。

▶ 在脑子里储存100万个信息块，可以记住科学事实、购物单、朋友的生日、10万个单词、你喜欢的球队的所有队员，还可以辨认2000张面孔。

需要记住的是，身体在活着的时候是可以做这些事情的，但是你不能指望它们永无止境地做。

人的身体有两大类，男性和女性。每种类型的身体都有不同的颜色可供选择。

浅棕，深棕，粉色，米黄，黄色。

女人

女孩　男孩

男人

我敢说，如果没有身体你也活不了！

这本手册给身体的主人提出了重要的警告，一定要仔细阅读。下面是第一条：

身体这个词听上去就很棒！你发现最好的卖点了吗？人的身体可以持续工作80年，有的身体但120年以后依然很好用。这可比大多数动物要强多了。

▶ 麻雀18个月后就要寿终正寝了。

▶ 老鼠5岁之后身体就不听使唤了。
▶ 天鹅7岁之后就该唱"天鹅之歌"了。

▶ 狗10岁之后就老得走不动路了。

▶ 猫在15岁之后就会肥胖得像一台收割机。

也有些动物活得比人长，人体的主人可能要失望了……

▶ 最老的龟可以活上150年。

▶ 鲨鱼和龙虾看上去可以一直活着，而且不会变老，直到别人把它们吃掉。

我想，即便是为了长寿，99.9%的人体主人也不愿意用身体作交换。我的意思是说，谁愿意换个龟的身体整天吃莴苣呢？

现在你已经看到身体是多么的神奇，我敢打赌，你一定心里痒痒，迫切地想看看它内部怎么工作。这很正常。不过，你不要这么做！身体可不是给非专业人士设计的，你要是随便打开，一定会有麻烦的。

举个例子说，1994年，一个法国的邮递员把自己的身体切开，想检查一下身体技师（又叫外科医生）是不是切除了他的阑尾。结果他的身体彻底完蛋了。

这个邮递员需要的是一份身体各部分的清单，告诉他每一个部件有什么用。这样他不必打开身体就知道身体是怎么工作的了。你真幸运，这本手册就是这样一份清单，接下来……

身体零件的清单

下面的身体零件照片，是我们的科学专家弗兰肯斯坦男爵提供的，他非常有名，也非常疯狂。看样子他收集了完整的一套：

难以想象的身体覆盖物——皮肤

当你看自己身体的时候，第一眼看到的就是覆盖你全身的、可以伸展的东西（也叫做皮肤）。皮肤可以自我降温，防止病菌侵袭，在你身体的外边形成保护层，保护里面脆弱的器官。

9

皮肤老了，可以再长出来；受了伤，也可以自己修复。但是它也有一个设计上的缺欠，老了的皮屑会掉落到地毯上。人的一生要脱落47.6千克的皮肤，相当于1000层皮肤，或者能装五个鼓鼓的垃圾袋。

皮肤只有0.5毫米厚，但是面积很大，而且可以像袋子一样膨胀。如果你将一个成年男人的皮肤剥下来平铺好（很烦琐的工作，你最好别试），可以覆盖两平方米，重量和三件过冬的大衣差不多。

如果你再仔细地观察你的身体，你可能会发现几个痣（moles），注意，这里说的可不是那种在地下活动，并且吃虫子的鼹鼠（moles）。身体上的痣是黑色素形成的棕色的小点（黑色素是皮肤上的防晒系统，可以自动使皮肤变黑，免受阳光暴晒的侵害）。皮肤上的雀斑也是黑色素形成的，在阳光下久晒会变得更黑。

头上一缕一缕的覆盖物——头发

接下来我们看看人的头上一缕一缕的覆盖物是什么，身体的主人把它们叫做头发，大概有10万根（老人可能会少一些，请看第131页关于秃顶的有关内容）。

头发从头上的一个个小坑里长出来，每个月可以长1厘米。在一年里，人的头发可以总共生长12千米，而在一生中，人的头发总共可以长到1000千米，足够在伦敦和巴黎之间往返。如果不剪发而且头发也不会自己脱落，头发可以长得到处都是……

水导向器——眉毛

我们所说的眉毛，是些长相奇怪、毛茸茸的像毛毛虫一样的东西。它们的作用是阻止汗水流进眼睛里。

亲爱的读者，听到下面的消息你会很震惊，人身体上的毛比黑猩猩的还多。你之所以看上去不是毛茸茸的，是因为你的毛更细，更短，也更不容易看见。

好奇怪的表达方式

身体的主人了解一下专家使用的行话是很有用的。不用担心，这本手册会教给你很多的术语，足够吓坏一个身体专家（也叫做科学家）。

如果你身体上长有红色毛发，你感觉怎么样？

答案

正确！红头发里面含有铁，红色是生锈的反应。其他种头发的颜色是由于所含有的黑色素不同造成的，而红褐色的头发是红头发和黑色素的混合。顺便说一句，红头发虽然会"生锈"，可它不会咯吱作响，所以你不用给头发上油！

手指和脚趾的保护器——指甲

每个人的手指和脚趾端都有坚硬的保护层，我们叫指甲。人体可以自动地更换指甲。每天，指甲会长两根头发那么长，如果你不去剪，人的一生中指甲可以长到28米长。

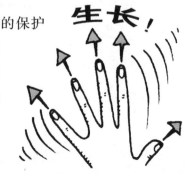

生长！

年轻人的指甲比老年人的长得快，特别是啃指甲的小孩。

中央信息处理器——大脑

人体最高级的信息处理器是大脑。为了能正常工作，大脑要比人体其他部分温度更高，同时要消耗掉人体20%的燃料（指食物），比其他任何部分消耗的能量都多。与其他部分相比，大脑还需要16倍的氧气（身体从空气中吸进来的气体）。

作为身体的主人，你不需要知道大脑工作的细节（有些细节科学家现在也搞不清楚），但是知道一些大概也是挺有意思的。弗兰肯斯坦男爵刚刚把一个多余的大脑切成两半，我们可以来看看主要部件。谢谢你，男爵。

大脑：

　　计划并控制身体的动作，处理重要的感觉数据，如视觉和听觉的反应，用于解决问题和存储数据。

小脑：

　　控制身体的动作，像骑自行车这类动作不需要大脑制订计划就能做。但不包括那些没头脑的举动，如炫耀地大声叫喊。

脑干：

　　控制虽然乏味可又非常重要的工作，如呼吸和消化食物。这些系统失灵就需要紧急抢救。如果你发现你的身体在呼吸食物，你就需要立即停止进食（请看第81页）。

　　每天你的身体自动产生半杯脑脊液，这种液体物质在保护壳（又叫颅骨）里面，可以让脑子在上面漂浮。而每天也有一些脑脊液混合到血液里面去——可以说这是一个流动的过程。

好奇怪的表达方式

　　一个身体专家说：

你长了一个蓝点。

不是，它们是红的，中间有白点。

答案

　　错了。身体确实有一个蓝点，在脑子里！当有趣的事情吸引脑子注意的时候，蓝点可以制造出一种化学物质使脑子工作。例如学习一件非常酷的事，或是发现了一只饥饿觅食的恐龙。现在找一点有趣的事让蓝点动起来……

身体数据

　　与什么都不干相比，脑子在看电视的时候使用的能量要少13%。难怪有些人在看了几个小时购物频道之后，看上去像闲逛的幽灵。

身体越是长时间地从事某一项工作，脑子就越能更好地控制该工作所需要的行动。比如，如果身体弹奏一件乐器，它就是在发展脑子里处理音乐的那部分。我也喜欢音乐，尤其喜欢在半夜三更起劲地弹教堂的管风琴。

全自动血液泵和空气进出系统——心脏和肺

像脑子一样，全自动的血液泵（称为心脏）也是身体里最重要的部分。它是一台从不停止的液体流动推进控制器，每分钟都在使血液在全身流动。事实上，血液流遍全身只需要10秒钟。

亲爱的读者，你要听好了：躯体越大，心跳就越慢。大象的心跳比人的慢得多，而人的又比老鼠的慢得多。我是确实知道的，我切开过很多心脏！

人体中自我调节空气进出的系统是肺，用来将空气中的氧气送进血液里，将没用的二氧化碳排放出去（你可以在第82页看到这为什么是重要的）。

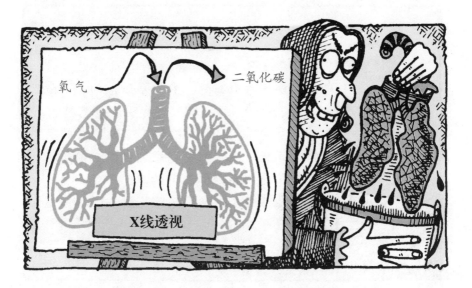

氧气　　二氧化碳

X线透视

内部液体运输系统——血液

身体内的血液供应是由一个优异的液体运输系统完成的。虽然看上去是浑浊的红色液体，你全身的5升血液里充满了微小的红细胞和白细胞。每一个细胞都像自动控制的机器人一样，在身体内做着各自的工作。红细胞在血管内运送氧气，白细胞与病菌作战。

身体数据

同其他的机器不一样，你的身体机器可能会受到微生物的攻击。有害的微生物叫做病菌，可以在体内大量繁殖，破坏细胞。这是人体设计的重大问题。但是你要知道，人体也设计了自我保护系统（请看第100页）。

血液同时也在运输食物。人体的血管加起来有96 000千米长，你可能会问，这么长怎么能放到人体里——真的是非常惊人！

红细胞

红细胞只有在运送氧气的时候才是红色的。如果没有氧气，它们是蓝色的。这就是说，如果在身体没有氧气的地方扎一下，可能会流出蓝色的血。多可怕的颜色！这也提醒了我，我感谢供应血的德拉库拉伯爵（英国小说中的吸血鬼之王），虽然他像脖子上的肉瘤那样讨人嫌，但他是个好人。

燃料储存库和传送带——胃和肠

这个系统（通常称为胃和肠）将食物变成可以进入血液的化学物质，给身体提供能量。身体专家将这个过程叫做消化，将胃和肠叫做消化系统。每天肠子加工10升黏稠的半消化食物。同时，这个24小时自动工作的机器也在处理液体（也叫饮料）。

这个系统工作的时候，分泌化学消化液（如唾液），将食物中的化学物质释放出来。这些液体从特殊的腺体中自动地流出来。例如，唾液就是流到食物的入口——身体的主人把它叫做嘴的地方。

身体里的肠子可以以每秒4厘米的速度运送半消化食物。每个身体的主人都知道，在24个小时之后，没有用的食物从身体后部的气体或固体废物排放管排出。

燃料入口和磨碎机（嘴）

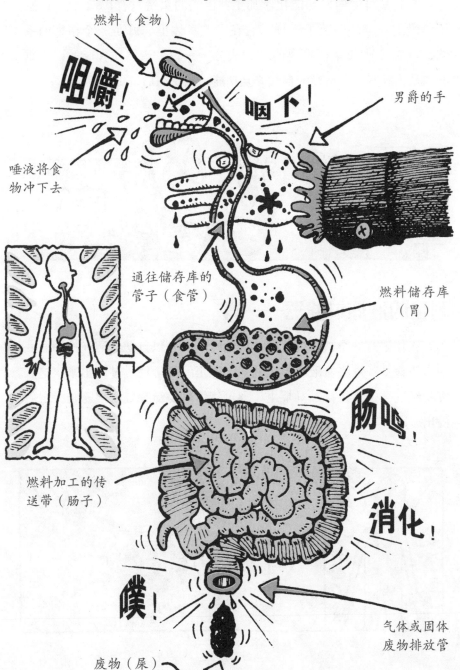

燃料（食物）

咀嚼！

咽下！

男爵的手

唾液将食物冲下去

通往储存库的管子（食管）

燃料储存库（胃）

肠鸣！

燃料加工的传送带（肠子）

消化！

噗！

气体或固体废物排放管

废物（屎）

多功能食物和化学品加工器——肝脏

肝脏是身体内多功能化学加工器。它的重量只有1.5千克，比脑子稍微重一点。同脑子一样，它在人的身体里。肝是一个精密的系统，可以筛选和储存重要的食物成分——糖、蛋白质和脂肪。更重要的是，肝有一个奇妙的自我修复功能，在受伤后，可以复原。

耐用的液体过滤器——肾

人体里有一个液体过滤器（又叫肾），可以自动清洁和控制血液中水的含量。肾将血液中多余的水和无用的化学物质过滤出来，这些废物经过一条路径排入马桶里（通过液体废物储存处——膀胱，之后溢出尿道）。

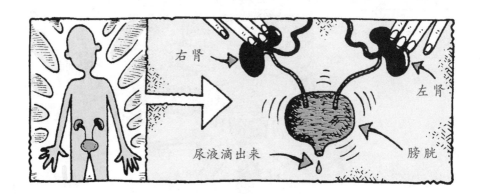

肾每天将每一滴血检查36次，每天产生1.5升的黄色废物（被叫做尿）。人的一生中要产生40 000升的尿，足够装满四辆运水车。

给身体主人的警告 2

身体的主人可不应该憋尿，要不然很快他就会臭烘烘的，把邻居和家里的宠物都吓坏了。最好是到厕所去撒出来。

史密斯先生的尿
1971—1991

你们可能会想，尿（液体废物的正确说法）应该冲走。可我认为用来漱口也不错。在第103页我再告诉你们更多。笑一笑吧！

身体数据

尿的成分之一是尿素，由废弃的蛋白质制成的一种化学物质。由于尿素的存在，尿才是黄色的，而且在皮肤、头发和脑脊液里也有尿素，有意思吧？爱咬指甲的人应该知道人的指甲里也有尿素。我敢说这够你想象的……

身体的砖石——细胞

看到这里，你们这些身体的主人可能会想，你的身体上的皮肤、脑子、肾和其他部分都是由什么组成的呢？更加糟糕的是，你的身体没有配一份成分表，也没有任何形式的商标，连个条型码都不存在……

不管怎么说，你要知道的是身体的主要成分是相当简单又老套的了。没有了水，你的体重会减少60%，你会像一堆干燥的面粉。这面粉状的东西包括制造骨头的物质（请见第25页）和其他重要的化学成分。我想说得更细致一点，但是太干了……

速成

人体干粉

加水即成！

内赠免费内裤

你身体内绝大多数复杂的化学物质是由排列整齐的细胞组成的，它们是独立的，有自我修复能力。你还记得第17页讲的血液里的红细胞和白细胞吗？通过强大的显微镜我们还能看到更多。你的身体里有100 000 000 000 000（100万亿）个细胞。

　　身体的主人，请先停一下，做个深呼吸，想想这个数字。100万就已经是个大数字了。1982年，澳大利亚人雷·斯图尔特决定将从1到100万的数字分别打出来，这花费了他16年的时间和19 990张纸。按照这种速度，他要花上1亿年才能数清他身体里的细胞。那个时候，他可能连手指都打没了。

　　细胞小得只能用显微镜才能看清楚，但是它的复杂程度却像一座小城市。令人惊异的是，人体每个小时自动产生10亿个细胞。这些细胞帮助人长大（年轻的身体是这样的），替换死去的细胞。一天之内，你的身体产生的细胞比全世界的人都多。
　　更换细胞的程序对保持身体正常运行非常重要。下面是一份典型的身体细胞毁坏和更换的工作表：

23

身体修复商店
细胞修复时间表

在细胞需要修复的时候检查。在老细胞毁坏的时候……

✳ 红细胞可以连续工作6个月而没有问题。

✳ 肝细胞只能工作5个月，要留神！

✳ 皮肤细胞只能坚持3—4个星期，要及时更换以保持正常状态。

✳ 胃、肠和口腔细胞只能存活3天，需要随时更换。

✳ 检查产生新骨头的细胞。为了形成新的骨骼，每7年新的细胞就要替换失去的骨骼细胞。

如果我们不这么做，身体的主人就会丢掉一只胳膊或一条腿。你知道，如果牙齿、脑子或肝的细胞丢失，我们一点办法都没有，我们也不能在母体里放新卵子（见第138页）。所有这些都是不能被替换的，你就是不能。

准备好受个惊吓。这就是……你身体里的多数部分不会活到10年，即使一个老朽的身体也不比一个年轻人的身体老多少！在第128页你可以看到为什么老年人的身体看上去老态龙钟，现在我们还是先看完下面的内容吧……

身体的骨架和马达——骨骼

身体的超级强壮的支撑骨架（叫骨骼）是用来阻止人摔到地板上的。人的骨骼由206块相互关联的骨头组成，而骨头是由钙、磷化合物和添加的蛋白质构成的胶原组成的高耐久性的混合物。骨骼的重量可以达到9千克，能够承受自身重量的5倍而不被压断。

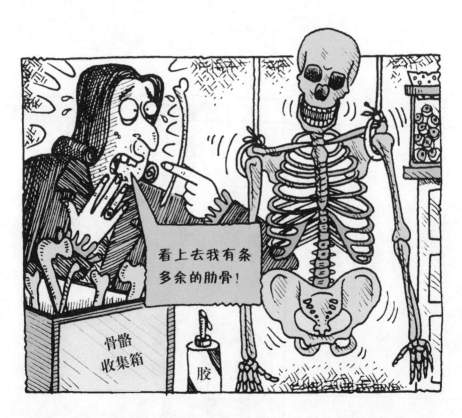

骨头通常是由吸收震动的关节联结的，关节里面的液体包住骨头，起到垫子的作用，以此来保护身体。骨头的末端覆盖着一层柔软

的减震物质，叫做软组织。这个保护非常重要，因为关节要受到很多次磨损和撕扯……人在跳跃的时候，膝关节承受的力是体重的10倍。关节非常结实，可以让你走上几百万步而不会咯吱咯吱作响或生锈。

身体数据

1. 当你的身体做仰卧起坐练习的时候，脊柱下部承受的力就如同174米的水深对潜水者的压力一样。

2. 当你从高处落地的时候，骨头承受的力是9吨，这相当于三辆汽车或一只半大象的重量。很显然，身体的主人不应该为了检验自身的力量而试着去举半只大象，这样会造成很严重的身体伤害。

骨骼中最重要的一个部分是垂直的支撑骨（又叫脊柱），由33块骨制硬板连起来的一个S形弯曲。行走时，可以吸收一部分外力，但是过度牵拉会造成背部损伤。

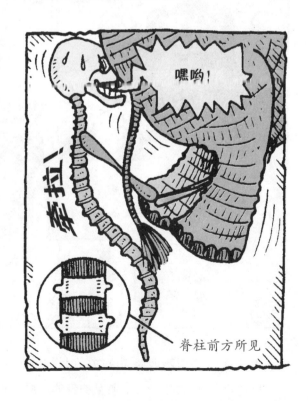

脊柱前方所见

身体数据

1. 你的指关节会响吗？你的膝关节出声吗？或是在你伸直腿的时候，你的膝盖有声音吗？这些奇怪的声音百分之百是正常的。信不信由你，它们是由气泡发出来的。正常情况下，氮气的气泡溶解在为关节减压的液体里，它们和未开启的柠檬汽水里的气泡一样。

2. 当关节被打开，压力减小，气泡就出现了，和你打开柠檬汽水的罐子一样。你听到清脆的声音是因为气泡砰的一声响了。希望你的身体可别开始"打嗝"。

高效的马达动力部分——肌肉

身体的动力部分叫做肌肉。所有的身体主人可能会惊讶地发现，每个身体有600多块肌肉，由脑子发出的神经信号控制，由极结实的肌腱如同钢索一般连接在骨头上（神经是身体的高级电话线，为身体的各部分和脑子传递信息）。

从脑子来的信息传给神经……让你用非常酷的舞步给孩子一个深刻印象。

爸爸在学校的迪斯科舞厅跳舞

神经

我费了好大的劲才把身体的零件拼成了一个怪物。我把生命带给他，是为了证明笑比皱眉容易……

怪物笑的时候，使用了17块肌肉

但是他皱眉的时候，用了43块

别让你的肌肉紧着！

测验你的身体1：动动鼻子

你的身体是否达到设计标准？本书用独一无二的身体测验，给身体的主人一个发现自己是否合格的机会。下面是测验一。

你需要：
▶ 一个怪物（如果没有，用你自己的身体也行）

一面镜子

如何去做：

1. 你使劲皱鼻子，就像这样……

2. 现在再试试在不动上嘴唇的情况下皱鼻子……

你会发现：

如果不动上嘴唇，你不可能皱鼻子。原因是，同一块肌肉控制着这两个动作。

真是个令人振奋的测验。你的肌肉功能是难以置信的精彩。的确如此，身体的主人们，即使你非常瘦弱，肌肉没什么力气。

我要很遗憾地说，与一些动物的身体相比，人类的身体并不怎么样。几乎没有人可以以每小时43.5千米的速度跑，即使是几秒钟也不行。对某些动物来说，这才只是慢跑。非洲猎豹在捕食的时候，可以跑到每小时101千米。如果一只蚂蚁长到你这么大，它每小时可以跑150千米！身体的主人，蚂蚁是不是很神奇？

给身体主人的留言

不是每个人都可以达到身体的最高速度，即使你更像一只疲惫的乌龟，而不是冲刺的猎豹，也不要灰心。你的身体依然是一台高科技的机器，有着各种令人敬畏的自动功能，足够让一个机器人嫉妒得发绿——如果机器人能变绿的话。你最好继续读下去，检查一下你的自动系统是不是在工作……

身体的自动特征

你的身体能够吸进空气，感觉周围的事物，保护自己不受脏东西和灰尘的侵袭。这些特征的真正奇异之处在于，它们完全是自动的。这意味着，作为身体的主人，你不需要在早晨把它们一一打开。我们现在开始……

自动特征一：自动进气和排气系统

呼吸是一个重要的自动功能，给身体提供空气中的氧气。缺少了它，你的身体3分钟之内就要彻底瘫痪。但是，因为呼吸功能一直在运行，你可以放松得忘了它的存在。

你知道，呼吸功能设计得天衣无缝，让身体专家都叹为观止！由于你的肺下面的一片肌肉（叫做横膈膜）向下运动，使得胸腔向上向外扩张……

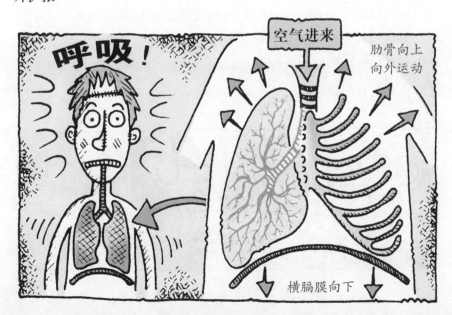

呼吸！

空气进来

肋骨向上向外运动

横膈膜向下

空气顺着通气管（又叫气管）冲进肺里。如果身体不活动，最好的呼吸办法是通过空气化学抽样室（叫做鼻腔）——进口的地方，通常叫做鼻孔。

鼻子的呼吸过程

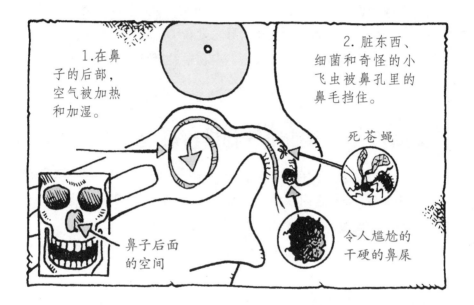

1.在鼻子的后部，空气被加热和加湿。

鼻子后面的空间

2.脏东西、细菌和奇怪的小飞虫被鼻孔里的鼻毛挡住。

死苍蝇

令人尴尬的干硬的鼻屎

够奇怪的，身体内30%的空气没有使用就被呼出去了。为了呼气，身体放松横膈膜肌肉，收缩胸腔，压迫空气从肺里出去。在21年中，身体呼出的空气足够吹350万个气球。如果你想举办21岁生日狂欢，这很有用处。

好极了！还有不到1 278 645个气球要吹。

一种真正奇怪的呼吸形式是打哈欠。打哈欠是因为：

a）感到疲劳。

b）在枯燥的科学课上。

没有人知道人为什么打哈欠，因为一个人打哈欠通常会带动别人也打，所以可能是某种信号。你在看这张图的时候，是不是也想打哈欠？

我说……别这样。我告诉过你这会传染的。

保持主要管道的清洁

在呼吸的时候，一些脏东西、细菌和被困住的小飞虫可能会穿过鼻毛，或者被吸到嘴里。幸运的是，身体还有另一套自动保护系统来抓住它们。在这本手册里，它被称做不敢想象的可怕的鼻涕传送带。下面来看看它如何工作……

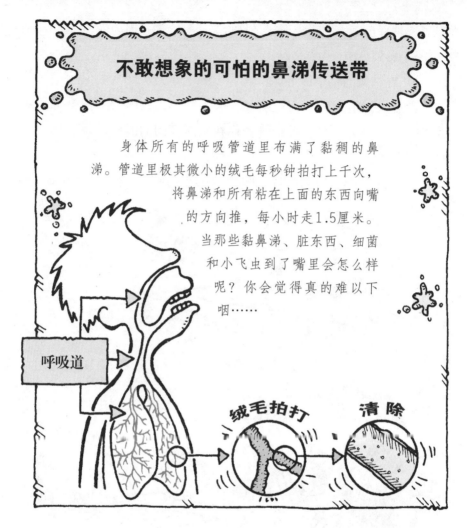

不敢想象的可怕的鼻涕传送带

身体所有的呼吸管道里布满了黏稠的鼻涕。管道里极其微小的绒毛每秒钟拍打上千次，将鼻涕和所有粘在上面的东西向嘴的方向推，每小时走1.5厘米。当那些黏鼻涕、脏东西、细菌和小飞虫到了嘴里会怎么样呢？你会觉得真的难以下咽……

呼吸道

绒毛拍打　　清除

在我们这本独一无二的生命系列故事里，我们第一次看到身体的运动。

怪事研究：危险的流口水

有些人吐痰，也就是从身体的食物进口处高速地将黏稠的痰液发射出去。所有的身体主人都应该知道，这是一个恐怖的习惯。1977年，法国的一位身体主人克洛德·安东尼在房间里扭动身体，练习长距离吐痰。不幸的是，他收不住脚碰到前面的窗户，他的身体摔得很惨，在身体修复中心（经常指医院）待了很长的时间。

好奇怪的表达方式

一位身体专家宣布：

我正在研究mucus.

而你说：

真酷！我喜欢音乐（music）。你听过新的第一交响曲吗？

答案

不对。mucus是专业术语，是黏液的意思，在痰里面也能找到。

任何比细菌大的东西进入身体的呼吸管道，身体都会开动它的自动反击程序（又被称做打喷嚏或咳嗽）。打喷嚏可以把任何进入敏感的上喉咙的脏东西清除干净。

而咳嗽可以把更深地进入气管的脏东西咳出来。

身体数据

1. 1635年，威廉·李医生宣称，打喷嚏的原因，是太阳的热量将脑子里的潮气吸到鼻子里。现在的科学家对这个理论嗤之以鼻。

2. 打喷嚏纪录是由一位英国12岁的小女孩保持的，她从1981年到1983年打了两年半，每年打喷嚏100万次，这可是值得赞叹的成就。

3. 你的朋友可能告诉过你，睁着眼睛打喷嚏，眼珠会掉下来。这可是耸人听闻。强壮的肌肉能够使眼珠留在眼眶里。眼皮会自动关闭以防止眼球上的血管破裂——那样会使眼睛看上去有血丝。

在我们谈论眼睛的时候，来看一下另一个身体自动特征：感官上的信息收集系统。当然了，一定会包括视觉系统……

自动特征二：自动视觉感受系统

身体通过两个高科技的光线接收器（被称做眼球）接收视觉数据，这个过程叫做观看。

每个眼球的重量是7克。光线落在眼球后面的视网膜上的几百万个感光细胞上，视网膜通过两百万条神经纤维，高速地将这些数据传递给大脑。

自动洗眼系统

身体的主人可能乐于知道身体配备了一套独特的自动洗眼系统，在眼球上还覆盖着一层松软的皮（叫做眼皮）。眼皮会自动合上（称做眨眼），每一次眨眼，眼皮都在用液体清洁液（称做眼泪）洗一次眼睛。

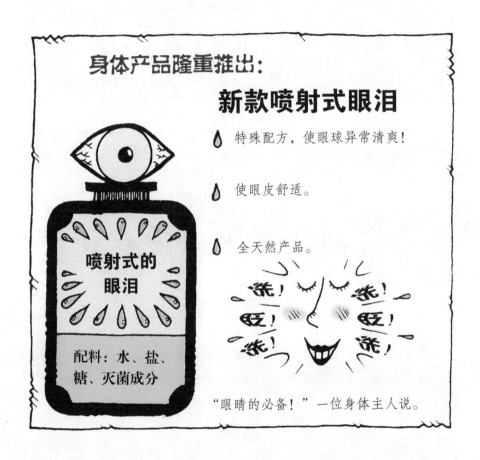

身体产品隆重推出：

新款喷射式眼泪

- 特殊配方，使眼球异常清爽！
- 使眼皮舒适。
- 全天然产品。

喷射式的眼泪

配料：水、盐、糖、灭菌成分

"眼睛的必备！"一位身体主人说。

实际上，所有的身体主人应该知道不同的眼泪在眼球上形成不同的保护层。眼球的表面是一层黏稠得像鼻涕的眼泪（含有痰的成分），上面一层是正常的眼泪，最上面是油制眼泪，可以防止眼泪的其他成分干燥。眼泪可是太好了，你要是没有了眼泪，哭都来不及。

人一分钟眨眼10—24次，如果身体受到伤害，眨眼的次数会更频繁。而如果人闲待着，或者在读书，眨眼次数就少。下面这个怪物的照片可以告诉你……

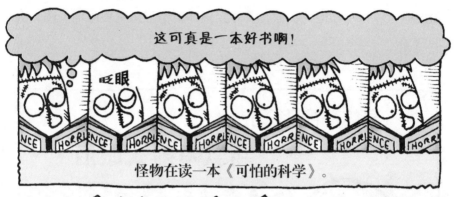

这可真是一本好书啊！

怪物在读一本《可怕的科学》。

嘿呀呀！嘿呀呀！疼死我了！

怪物坐在别针上。

眼泪从眼睛里生产眼泪的地方涌出来，流到眼睛最靠近鼻子的角落，然后沿着小管流到鼻子里。在动感情的时候，你会有一个尴尬的湿鼻子。如果眼泪和尘土混在一起，干了以后会变得脏乎乎的。

身体数据

1. 大象容易流泪，鳄鱼哭是为了去除盐分（鳄鱼的眼泪，这故事是真的），但人类可是流眼泪的冠军。人在一生中要流65升的眼泪，大约有185万滴。

那可需要很多很多的手帕……

2. 在人的脑子运行复杂的感情数据的时候，人体才会哭。这些感情包括欢喜、悲伤、愤怒、不安以及需要引起注意等。哭表现了不同组合的人体的特点。

3. 女性1个月哭6次，而男性1个月哭2次（有时，他们虽然在敏感时眼含热泪，但还要表现出男子汉气概）。说起敏感这个话题……

自动特征三：高科技触觉感受系统

身体的皮肤上有数以百万计的感觉单元。有些用来感受压力，有些对温度变化或轻微的接触有知觉，所有这些都通过神经与脑子相连。你可以测验一下它们……

测验你的身体 2：测试触觉

你需要：

▶ 你自己的身体

▶ 一个圆规或一把剪子（要小心啊！）

你如何去做：

1. 将圆规或剪子打开，使两个尖角相距2毫米。
2. 闭上眼睛，用指尖去轻轻接触尖角。
3. 睁开眼睛，用尖角接触你小腿的皮肤。

你会发现：

你用手指接触的时候，感觉到两个尖角，而你的小腿只感觉到一个。接触皮肤的两个尖距离很近，而手指的感应比腿更敏感。这个实验确实说明问题，我相信你也能看到这一点。

自动特征四：声音、味道和气味的感觉系统

身体的声音探测系统通过头部两侧外露的声音探测盘（或者叫耳朵）来辨认声音。耳朵将声音变成神经信号，传送给脑。

有卫星接受盘的房子

有声音接受盘的头

虽然耳朵采集声音，但是身体没有耳朵一样可以听到声音，关于这一点身体的主人可能会很惊讶。在对声音的辨别上，大耳朵并不比小耳朵更好。

身体数据

1. 1994年，一位西班牙人为了不听他岳母的唠叨，将自己的耳朵切了下去。不用说，她一定说了很多尖刻的话。可这样并没有改变什么。

2. 声音探测系统听不到像蝙蝠尖叫一样的高音。你是知道的，当一些年轻人被要求去睡觉的时候，那些小家伙似乎听不到。

食物和空气化学感应系统

身体的食物感应器位于食物的进口，就是那条左右摇摆、可以伸缩的探头，叫做舌头，有神经与脑相连。

辨别味道——香味和臭味的系统位于鼻子里。有两个图章大小的感应单元可以探测出空气中的化学物质，之后发出神经信号给脑。身体的主人读到这里，可能愿意知道，在人体的大脑里储存了一万种气味的信息，包括那些令人作呕的味道。女性的鼻子比男性要灵敏。一个女孩与一个臭烘烘的男人在一间屋子里可就惨了。

（气味）感受器

令人作呕的气味

如果鼻子连续几个小时闻一种味道，味觉系统就会暂时关闭。我必须要度一个好假期，否则我都闻不出烂肉的味道了。

身体放松！

测验你的身体 3：鼻孔的神奇秘密

你需要：

▶ 你自己的身体

▶ 一面镜子

你如何去做：

1. 抬起下巴，用镜子仔细观察一下你的鼻孔。真的对不起，但是以科学的名义。

2. 使劲地通过鼻孔呼吸。

你会发现：

在吸进空气的时候，鼻孔放大，但是一个比另一个稍微宽一点。

当你的身体受到病菌的袭击而得上感冒（一种由病菌引起的小病，具体情况请看第102页）时，你那小一点的鼻孔经常会堵上。

味道感觉小测验

你对你的身体到底知道多少？你是个初露头角的身体专家，还是个糊里糊涂的初学者？请通过我们第一个小测验检查一下⋯⋯

1. 有些医生可以通过闻皮肤发现疾病。感染的身体腐烂的味道是什么样的？

a）学校的午餐。

b）放置太久的鱼。

c）发霉的苹果。

2. 2001年，美国军方试验控制暴乱的超强臭味炸弹。在实验中，哪种味道最有效？

a）屎（如果你还不知道，我告诉你那是人体的固体废物）。

b）裹着腐烂黄油的汗脚。

c）呕吐物。

3. 在美国，冷杉树上喷了一种物质以赶走盗贼。这种臭味是什么味道？

a）臭鼬的体液。

b）狐狸的尿。

c）口臭。

4. 一个感觉专家受到的训练，是要辨认很多不同的味道。在一家美国公司，女性专家们接受了一个恶心的任务。她们要做⋯⋯

a）闻出旧袜子和生蛆的奶酪之间的差别。

b）闻男人肮脏多汗的腋窝。

c）坐在臭气熏天的池塘边，闻恶臭的青蛙。

答案

1. c）身体腐烂的味道像发霉的苹果；伤寒病人闻起来像烤面包；黄热病人闻起来像鲜肉。有人想要新鲜面包做的带肉三明治吗？

2. a）按照领导臭味炸弹项目的科学家帕姆·达尔顿的说法，一种超强的黏屁让自愿实验者叫苦不迭，特别是混合了腐烂的洋葱。学校的马桶里是不是从来没有异味呢？

3. b）盗贼们把树砍下来，当做圣诞树卖。购买者可不希望树上有尿的味道，所以偷树贼被难住了。

4. b）为了检验除味剂是否有作用，妇女们不得不闻男人的腋窝。我想这个工作使她们的鼻子都翘起来了。

说起出汗，在热天从你的身体流下的湿湿的液体也带有一个奇妙的自动特征。

自动特征五：奇妙的身体自动降温系统

身体将自身的内部温度保持在37℃左右，在这个温度下身体运行得最好。当体温升高时，皮肤里的300万个微控制单元渗出一种液体（我们把它叫做汗）。汗将血液里的温度带到皮肤上，然后在皮肤上蒸发，身体就把热释放到了空气中。

怪事研究：嗅出危险的鼻子

当大脑感到危险的时候，身体会出更多的汗。在20世纪70年代，英国情报部门的身体专家计划用这个特征抓到间谍，为此他们请来了沙鼠。

这个计划包括在飞机场安装电扇。这些电扇将过往旅客的味道吹到一个沙鼠的笼子里。专家们希望沙鼠灵敏的鼻子能够嗅出惊恐的间谍的汗味。但是后来，有人破坏了这个抓间谍的秘密科学计划——无辜的人也可能在机场汗流浃背。整个计划没有达到预期效果。

如果身体感觉到冷，会启动完全不同的另一个自动程序。身体会自动收缩肌肉，这个举动叫做寒战。肌肉工作的时候可以发出热量来温暖身体。

给身体主人的留言

你已经看到了身体的自动特征，你可能会认为它可以自动地做好任何事情。大错特错！就像我在前言里讲的，身体需要很多的照顾，也就是说它需要你全程的关照。不要着急，这本手册为你提供了丰富的照顾身体的小窍门，从下一章开始……

身体主人的身体保护

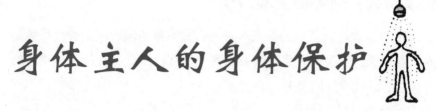

给身体主人的警告 3

你的身体没有保证……

你购买的绝大多数东西都有质量保证，比方说，烤面包机、电动牙刷、自动擦屁股设备，都会有一张保证书，承诺如果你的机器有故障，可以得到修理或者换一台新的。你可以理所当然地抱怨。但是对于身体来说可不是这样……

我要把我的钱要回来！

D.K.
安德罗特
安息

安息

你看到了吧！你需要正确地照顾你的身体。我的意思是，如果你的身体出了故障，换个新的比变出个蛋糕可难多了。所以你真的需要一个身体保护流程。在开始一一了解之前，我们先看看哪些是不能做的……

在写这本手册之前的古老的日子里，有些身体的主人发明了一些古怪的办法。下面这个怪事就是其中之一……

怪事研究：可怕的健康习惯！

　　1000年前，诺艾雷伯爵夫人将她疯疯癫癫的健康信条教授给她的养女玛利亚。伯爵夫人将玛利亚送到一所寄宿学校，让她过着痛苦的生活。下面是一封伯爵夫人的信：

修女学校

给玛利亚

我亲爱的女儿：

　　我想在学校里你一定很好，而且用功读书。我想我们的母牛戴西也应该挺好吧！你要记住我经常告诉你的话，健康第一。

　　要记住，闻牛的屁对你的健康有益。所以晚上不要忘了把戴西拴好，让它的后部对着你床头的窗户，而且窗户要开着。早晨，你要喝戴西的奶，我告诉过你如何挤奶的。

　　忘了告诉你，我读了你的来信。很遗憾其他女孩取笑你。

我确实让你穿得像个古希腊人似的去学校。我相信，当她们都得了感冒而你依然健健康康的时候，她们就不会笑你了，因为你有最完善的保护。

自从我让学校弄干了池塘，危险就没那么大了。池塘？肮脏的绿色的臭水，只能滋长病菌。如果你还担心，最好的防止病菌的办法是在你的卧室里挂上洋葱，并且在身上包上死老鼠的皮。这个偏方对我很有效！

亲爱的女儿，就先写到这里。明天我还要写164页的健康指南。

你的母亲

诺艾雷伯爵夫人

对了，别忘了穿你的露趾拖鞋。

你可能会想，伯爵夫人比没脑子的鸡还缺少脑细胞，你算说对了！幸运的是，本手册给你提供一整天里你所需要的全部的照顾身体的建议……

起床后的身体照顾须知

　　每天大约相同的时间，你的身体会自动醒来。大脑可以感觉到照在眼皮上的光线，当光线更强烈的时候，大脑就通知你——该醒了！你可能会伸展一下肌肉，确认前一晚上所有的部分都没有抽筋。

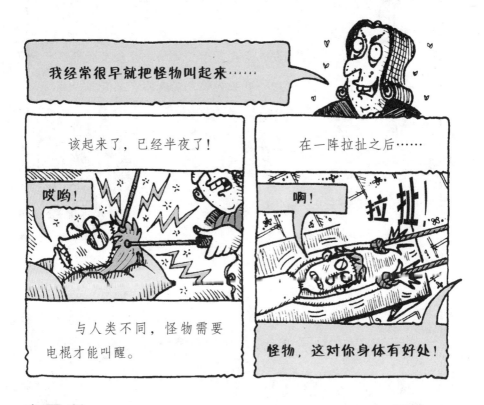

我经常很早就把怪物叫起来……

该起来了，已经半夜了！

哎哟！

与人类不同，怪物需要电棍才能叫醒。

在一阵拉扯之后……

啊！

拉扯

怪物，这对你身体有好处！

去厕所

　　你醒来之后，会晃晃悠悠地向厕所走去，来排泄你身体里的液体废物——尿。这时你脑子浑浊，可能会忘了关厕所门。人的身体需要定时排尿，经过了一个晚上，你的膀胱里装满了尿。

　　膀胱在收缩和充胀的时候，上面的感觉组织将神经信号传递给大脑。在膀胱装满之前，身体主人应该通知身体撒尿，这可以使膀胱不至于过度膨胀，而且免去失禁的尴尬。

身体数据

1. 早晨尿的颜色比平时更黄，因为积累了几个小时的尿素。

2. 人撒尿的时候，通常会屏住呼吸。这可以增加腹压，压迫膀胱。实际上，人在深呼吸的时候很难撒尿。

全身清洗

对于多长时间清洗一次身体，身体主人的意见不一致。有些上年纪的身体主人每天洗一次，但是一些年轻人总认为不洗才好。

我一个星期给怪物洗14次，他趴在墓地里挖尸体的时候弄得很脏。洗完之后，再给他喷上香水，闻上去像新鲜的……

香水
（棺材用）

　　实际上，身体需要清洗多少次取决于有多脏或出了多少汗。用肥皂和水将皮肤上的病菌和汗洗去，对身体主人来说是很有益的。但是肥皂刺激眼睛，早晨应该用干净的布轻轻擦拭这个敏感的部位。

　　全身清洁之后，应该将脚趾之间的水擦干，这样脚癣病菌才不会生长，也不会破坏皮肤。

身体数据

　　身体主人可不要学尼泊尔的妇女，她们的传统是，洗完丈夫的臭脚之后，把洗脚水喝下去。真的吗？湿的麦片就够糟了，但是湿的落在地上的麦片更糟。

洗头

在洗全身的时候，可以同时洗头。之后用梳子将湿头发分开，梳理平整。身体主人不应该梳得太使劲，这样会伤害发根，也会使本来很酷的发型变成膨胀的卷毛兽……

身体数据

一种传统的洗发水里含蛋黄成分，目的是使头发洗后看上去更光亮。但是鸡蛋里含硫的化学成分可使头发发生化学反应，会把金色的头发变成绿色。

洗耳朵

在洗耳朵的时候，身体的主人应当小心。脆弱的耳膜就在耳朵里面几厘米的地方。耳膜把声音传递给听觉系统，但是非常容易损坏。如果水灌进了耳朵，你要这么做：

1. 把耳朵里的水控干。
2. 用干净的布，轻轻地擦耳朵外面。

给身体主人的警告 4

　　耳朵分泌蜡质物质，俗称耳屎，用来阻挡脏东西和小昆虫进入。身体设计的一个小失误，就是这种物质有时会堵住耳朵。遇到这种情况，就要请医生用水把它冲出来。

我用怪物的耳屎做成了一根美味的棕黄色蜡笔。哈哈！

洗鼻子

　　我的天，怪物的手帕丢了。怪物，你敢……

　　为怪物恶心的行为道歉！一个受过良好教育的身体应该这样清洁鼻子：

　　1. 堵住一个鼻孔，另一个鼻孔轻轻地向手帕上出气。

　　2. 轻轻地擦擦鼻子。

修理指甲

　　作为身体的主人，你需要剪你的手指甲和脚指甲（小孩可能需要大人的帮助）。正确的剪法是平行地剪，这样指甲长长以后，不会划伤皮肤。

这个工作重要，但是不愉快，你肯定不想知道怪物的指甲下面有什么。小心那些飞溅的指甲屑。

给你的身体补充能量

　　身体的能量补充是身体照顾中一个非常重要的项目，每天要补充三次：早晨、中午、晚上。没有这三次补充，身体会缺少能量，脑子里会反复地播放一些诱人的图像——多汁的汉堡、香味扑鼻的比萨……你看，怪物的口水都流到纸上了。

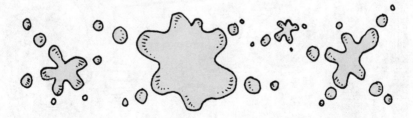

　　最重要的补充是早晨那次。早晨，大脑醒来的时候很虚弱。大脑的运行需要一种糖，叫做葡萄糖。经过长长的一夜，身体里的葡萄糖含量很低，所以你可能想喝一杯果汁。果汁含有葡萄糖和 种类似的糖，可以供大脑使用。

下一步是早晨的固体食物，专业的说法叫做早餐。人的脑子里有能量水平的感应器，可以及时反映血液里的葡萄糖含量。当身体需要补充的时候，身体的主人就可以知道。身体里葡萄糖少了，人就有了胃口，这称做饥饿，或者是感觉有点饿，或者是："给我吃的，我快饿死了！"

有些人早晨要喝咖啡或茶，它们里面含有一种化学物质叫咖啡因，可以使心跳和脑的运行加快。但是它消耗葡萄糖，会使老年人的能量水平较低。

给身体主人的警告 5

第二天，为了保持清醒，身体可能会需要更多的茶和咖啡，如果没有，会感到无精打采。这就是为什么爱好喝茶或咖啡的人（比如老师）会是危险的，如果他们没喝到重要的第十七杯……

在5C班上了三个小时的课……我要喝茶！

怪事研究：用咖啡判处死刑

从前的身体专家曾经相信，咖啡和茶里面有某种有毒物质，可以在身体里膨胀。一天，瑞典国王古斯塔夫三世（1746—1792）决定用两个罪犯检验一下这个说法。

我判处你们死刑！

开开恩吧！

我判处你每天喝一杯咖啡，直到它杀死你！

嗯？

可以。

陛下，我可以要两块糖吗？

我也判处你死刑！

我能也喝咖啡吗？

不行，对你的处罚要更重！

啊啊啊……

我判处你每天喝一杯茶，直到你焦虑而死！

我能要一块点心吗？

当然！

这不公平，我也要点心！

看着他们，告诉我他们什么时候死！

几年以后……

国王被谋杀了，医生老死了。最后，喝茶的罪犯活到83岁才死，而那个时候，喝咖啡的罪犯活得还很强壮……

几杯咖啡或几杯茶不会危害你的健康，但是在晚上的时候喝，可能会使脑子一直清醒。咖啡因可以使血管扩张，更多的血流到肾里去，撒尿也就多了。

刷牙的技巧

补充能量之后，就该清理一下经过内置食品加工器（称为牙齿）加工的食物碎渣。这是身体保护很重要的一环，因为虽然牙齿非常坚硬，可以咬碎食物，依然还有许多渣子残留在牙齿上。我想说，这还不是全部……

即使是保护得最好的身体，它的口腔里也活跃着1亿个微生物。在补充能量的同时，这些狡猾的微小怪物也在贪婪地吃牙齿上的食物残渣。更糟的是，这些大吃特吃的微生物还分泌出酸性物质，分解牙齿上起保护作用的釉质。它们还特别喜欢甜的食物，那些能将它们粘在牙齿上的食物更是它们的最爱，它们可以在牙齿上舒舒服服地度一段时间的假期。所以，身体的主人，在补充了甜的食品之后，一定要把牙清理干净。

怪物正在演示如何正确地刷牙。

挤牙膏

只需一点儿

1. 你一定要用小头的柔软的尼龙牙刷。

2. 在牙刷上挤一小块牙膏。

3. 用牙刷做小幅度的圆周运动，沿着牙床刷，但不要刷到牙床，否则它们会流血的。一定要刷到牙齿的正反面和侧面。怪物，不要太使劲了！

4. 漱漱口，再把水吐出来。

噗！

要吐在水盆里，你这个傻怪物！

给身体主人的警告 6

千万不要含着牙刷跑步。2001年，威尔士加迪夫的一位教师上课晚了。为了赶时间，她边刷牙边向学校跑。她不小心摔倒了，把牙刷吞了下去。医院里的身体技师（外科医生）将她的胃切开，把牙刷取了出来。牙刷差点要了她的命。

食物的渣子也可能卡在牙缝里。身体的主人喜欢用牙线把这些讨厌的东西清除。怪物再来为我们示范一下该怎么做……

怪物，听好了——

1. 拿一根50厘米长的牙线，两端拴在手指上。

2. 从一端开始，轻轻地让牙线进入你的牙齿缝隙。

3. 每清理完一个牙，把牙线拉出来。

4. 用完之后，要么把牙线扔掉，要么用来拴猫，好玩吧？

所有的身体主人，我敢打赌你们不会知道有些微生物可以不用氧气生存。它们是30亿年前地球上最早的生命的后代。当你使用牙线的时候，它们接触到空气里的氧气，于是被杀死了。它们已经活得太长了，不会受到保护，应该保存在博物馆里。所以继续刷吧！

身体数据

2000年的一项调查显示，3/4的英国的身体主人不知道如何正确地刷牙，13%的英国的身体主人根本无牙可刷。

你身体的外部及其他

在寒冷的天气里，身体的主人在外出的时候应该穿上厚衣服。有经验的身体主人是对的。在冷天里戴一顶帽子也是有道理的。你知道，人体热量的55%是通过头部散发的，因为头是身体上最热的部位，心脏里1/3的血液要运送到头部。

当人的体温降低的时候，不是降低血液向头部的供应，而是降低向手指和脚趾的供血。缺少了能量供应，细胞会停止工作。持续几天之后，受伤的身体末端会发生坏疽，颜色变黑并脱落。谁记得那种味道是什么？

提示　不是这种　是这种

这些没用的零件！戴帽子可以阻止热量从头上散失，保持血液的温度，也省了将怪物的脚趾再缝回去。

把帽子缝在脑袋上，以防止被吹掉

对身体主人来说，训练直着身子行走和端坐是很好的主意。这是防止脊柱弯曲最好的姿势，也可以避免背痛。如果你训练自己抬起头来，身体的其他部分就应该有相应的姿势的调整。

从前

后来

作为身体的主人，你可能会很惊讶，在行走的时候，身体只使用了40%的能量，而60%的能量在肌肉中丢失了（这就是为什么脚会很热，而且汗淋淋的）。为了最充分地利用能量，走的时候应该伸直腿。

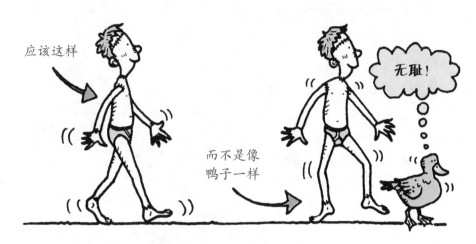

避免背部受伤

如果你坐的时间太长，就会有背痛的危险。你应该好好地坐在对背部有支撑的椅子上。注意，身体的主人还会用一个垫子来支撑这个重要的部位……

下面，怪物来演示一下如何正确地从地板上取重物：

身体的关闭模式

　　人的身体需要使用关闭模式来获得休息，身体的主人称之为"睡觉"或"打盹"。睡觉通常发生在水平的身体卧椅（也叫床）上。床要足够结实以支撑身体的背部，还要有结实的枕头支撑头部（这样头就不会和身体同时落下去）。

　　最后看看怪物的睡觉时间。

熱水澡可以放松肌肉，帮助身体入睡。但是如果在睡觉前三个小

时内饱餐了一顿，身体可能会睡不着。一旦身体入睡，只有最基本的活动（如消化和呼吸）在进行着。之后，身体的温度就降低1℃，每两个小时脑子自动处理一下感觉信息资料（被称做梦）。

身体数据

　　脑子做的梦是彩色的，但是身体主人经常会忘记梦的颜色，只记住乏味的黑白两色。你知道，如果梦开始的时候是关于企鹅，之后变成了斑马，我想脑子也不会发现它们之间的差别的。

　　成年人的身体需要7—8个小时的睡眠，儿童需要9—12个小时。你一生中要花22年来睡觉（当然不是一次）。但是这种情况居然发生在一个小女孩身上……

怪事研究：睡美人

　　这个不可思议的事情于1876年发生在一个叫卡罗琳娜·奥尔森的瑞典女孩身上。她同她的五个兄弟一起住在一个小茅屋里。冬季里的一天，她从学校回来，抱怨说，她在冰上滑倒了，碰到了头。

谁也没多想什么，但是她很虚弱。之后有一天早晨，她没有醒过来。她母亲摇晃着她的肩膀，大声叫她，可是她一动不动。卡罗琳娜整天都睡着，一直睡到第二天还没有醒。母亲只能用长长的勺喂她牛奶和糖水，但是她变得很瘦。

她的家人叫来了医生。医生挠挠头，在她的耳边大喊："醒醒！醒醒！"她连眼皮都没眨。

医生很失望，接下来又用针刺她的手指。手指都流血了，

可她还是一动不动。医生使劲摇摇头，说他不知道出了什么问题。

她的家人向当地医院的身体专家求助，他们给她做了电击。电击也不起作用，他们把她又送回了家。从此以后，她母亲每天喂她牛奶和糖水。

一个星期一个星期地过去了，然后是一个月又一个月，一年又一年。卡罗琳娜一直没有醒过来的迹象。她的父亲和母亲一天天地变老，她的两个兄弟也在沉船事故中身亡。她根本不知道这些。在她昏迷不醒28年之后，她的母亲生病去世了。

卡罗琳娜的父亲和她另外三个兄弟要在田里工作，一个老妇人出于同情，每天来喂她食物。又过了4年，她醒了。

老妇人给她讲了这个可怕的故事。她睡了32年42天。她的母亲和两个兄弟都已去世了。

她已经46岁了！当天晚上，她的脑子里盘旋着危险的信号：如果睡过去，再也醒不过来怎么办？事实是，她睡着了，而且第二天也醒过来了，好像什么也没有发生。

非常奇怪，她看上去比46岁年轻许多，人们都叫她"睡美人"。

身体专家发现，卡罗琳娜虽然瘦，但是很健康。对于长时间的昏睡，她脑子里没有任何记忆（这倒不奇怪，在睡眠状态下，脑子的记忆功能是关闭的）。卡罗琳娜活得很长，也很幸福，但是没有人知道是什么原因使她睡了这么长时间。

身体数据

现代的身体专家依然不能解释卡罗琳娜的昏睡。在脑子受到伤害之后，有些身体就会睡上好几年。这种现象叫昏迷，但是睡上好几年然后完全康复的情况很罕见。

现在来把本章的内容总结一下。好心的男爵做了一个明细表，列出了所有的身体保护项目：

男爵的每天身体保护明细表

▶ 早晨：醒来，伸展身体

▶ 去厕所

▶ 清洗，泡澡或淋浴：别忘了护理耳朵、指甲和头发

▶ 喝水：以清醒脑子（不要喝太多的茶或咖啡）

▶ 穿好衣服

▶ 给身体补充能量（早饭）

▶ 冷天外出要多穿衣服

▶ 外出和相关的注意事项（别忘了正确地走、坐和抬东西）

▶ 给身体补充能量（午饭）

▶ 外出和相关的注意事项

▶ 给身体补充能量（晚餐）

▶ 清洗，泡澡或淋浴

▶ 上床睡觉

现在你可以蹑手蹑脚地去看下一章。但是在我们出发之前，我应该告诉你，我们还有一个重要的身体保护问题没讲——为你的身体选择合适的能量。我想，你会"吞下"之后的几页。

怪物，我的意思不是吃书！

改善你的身体

人的身体可以自己修复，这真是一件奇妙的事情。与地球上的其他机器不同，在生命最初的20年，身体越长越大，越来越强壮。这意味着熟知自己身体的身体主人可以创造高效的身体。但是首先你需要知道身体的能量和健康状况。我们下面就来说说这些话题……

话题之一：为身体补充能量

如你所知，食物能提供能量。它可以使你的身体成长，修复损伤，维持运动。但是哪一种食物是最好的？你常常会面临许许多多令人困惑的选择……

难怪身体的主人对补充什么能量非常担心。他们有时确实非常生气……

内裤

请放松！我已经说过，脑子里的能量水平探测器可以感觉出饥饿，而胃部的感觉器会告诉脑子胃是满的。你一生要吃掉50吨的食物，当然不是一次吃完。

你所要做的，就是在饥饿的时候吃东西，在胃显示它已经填满的时候停止。实际上，在天冷的时候，或是运动量大的时候，你会感觉更饿，因为你需要更多的能量使自己温暖，使自己继续运动。这时候，喝点水或其他饮料也是很好的，可以补充自动降温系统所失去的汗。在天热的时候，你浑身是汗，你会发现自己需要补充更多的水。

给身体主人的警告 7

过多的水会伤害身体。如果在两个小时之内饮下100升水，身体会不停地撒尿，失去很多的盐分，而盐分是用来发出神经信号的。这样会造成整个身体的瘫痪，当然这很少发生。

身体所需能量的种类

▶ 含碳水化合物的食物：含有一种可以被身体转化为葡萄糖的物质，为肌肉提供能量。

动动脑筋！　面包　面条　萝卜　米　土豆

▶ 含糖的食物：提供直接的葡萄糖能量。

▶ 含蛋白质的食物：作为身体独特的修复和生长功能的一部分，对制造新的细胞有好处。

▶ 脂肪类食物：对身体长期的能量储备有帮助。

▶ 粗纤维：水果和蔬菜的皮、叶子、种子，以及谷物等。粗纤维不是一种能量，但是对消化有好处（请看第90页，但是要注意，这些东西有点粗糙）。

你还不能确认哪种最好吗？你需要所有这些食物来保持身体的良好状态。你可以把它们组合成很多种——为什么不试着做这种高效能量增强食品（也叫点心）？

检验你的身体 4：做一个"头"

你需要：

▶ 一片全麦面包
▶ 煮熟的鸡蛋切片
▶ 一些水芹
▶ 一片西红柿
▶ 黄油

重要提示

年少的身体主人应该让年长的身体主人做切片、水煮之类的事。这道菜可不需要将手指切下来或烫伤。

如何去做：

1. 把面包放在盘子上，抹上少量的黄油。我说"少量"是因为你的身体不需要过多的脂肪。

2. 在面包的上方，用水芹摆成"头发"的样子。

3. 用两片鸡蛋做成"眼睛"。

4. 将西红柿片放在中间，像一个悲伤或高兴的嘴。

5. 迅速将这些吃光！

他笑不了多长时间了！

你会发现：

你做的这个"头"包含了身体所需的一切食物能量。面包含有碳水化合物，鸡蛋含有蛋白质，黄油含有脂肪，而面包、西红柿和水芹都含有粗纤维。

身体数据

在20世纪80年代，美国科学家伯纳德·海因里西希望用科学的手段使他的身体运行得更好。他知道蜜蜂吃了一滴蜜可以飞上很长的距离，而蜜里面绝大部分是糖。于是他喝了0.6升的蜜。不幸的是，这使他得了严重的腹泻。他唯一打破的纪录是冲向厕所的速度。

身体的主人应该知道他们需要吃什么，而不是把钱浪费在毫无用处的减少身体供应（时尚的说法叫减肥）的计划上，就像下面的这些广告：

瘦身食谱

全油炸计划
每天不吃其他的食物，只吃油炸薯条，你很快就会瘦下来。

今天我就开始！

卷心菜和大蒜食谱
每天用卷心菜和127头大蒜来补充能量。蒜味可以赶走所有人，而卷心菜会使你放很响很响的屁！

真的起作用！

我们总结一下：你需要记住的是，每天三次，按照身体的需要给自己补充能量。剩下的由你的身体自己完成。不是太难下咽，对不对？现在我们该……等一下，我正在收年轻身体主人发来的一堆邮件。看样子我忘了一个相当重要的问题……

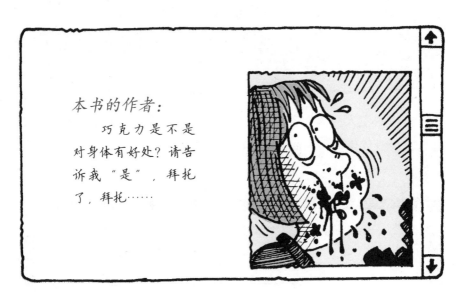

人的一生中平均会吃下3200块巧克力，所以这个问题很重要。好吧，我马上给你答案。请仔细听：

1. 巧克力使脑子产生一种作用强大的化学物质内啡肽，内啡肽经常会阻碍身体受伤时发出的疼痛神经信号。这种物质还可以启动脑子里叫做"高兴"的数据程序，所以巧克力使人更开心。顺便问一句，你还高兴吧？

2. 巧克力还含有咖啡因，可以使脑子更清醒。里面的其他成分可以扩张血管，降低血压，冲淡血的浓度，这可以帮助血液更快地从血管中流过。听上去不错，对不对？

3. 所以，一个星期吃一次纯巧克力（不加含有脂肪的牛奶）就很好。

如果你每天要吃25次牛奶巧克力，我真要说对不起了。别责怪我，我只是作者。我想我们还是换个话题吧。

话题之二：如何给你的身体补充能量

够奇怪的，说了这么多身体应该吃什么食物，多数的身体主人对食物怎么进入身体并不关心。但是身体的主人应该知道将会发生什么……一件事错了，所有的都可能错。

大多数时间里，这项工作是自动完成的。怪物将用一个装满臭烘烘的狗食的碗给我们做演示，连狗都不愿意吃这个东西……

怪物吃狗食的X射线图

1. 怪物的牙齿将食物咬烂，与此同时，唾液以每小时129米的速度流入口腔。

2. 怪物的舌头将食物推到嘴的后部。

3. 会厌软骨（气管的盖子）到达自己的位置，阻止食物走错路而进入肺。

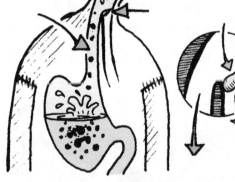

4. 这些黏稠的食物缓缓地流到怪物的胃里。即使当时怪物是倒立着，强大的肌肉也会迫使食物沿着正确的方向往下走。

5. 这样的过程要花9—13秒，速度可达每小时61米。实际上，在第一盘食物落进胃液之前，怪物可以再吃一盘。

想不想再吃一盘，怪物？

不，谢谢！

身体数据

　　吃得最快的冠军彼得·道德斯威尔有一次吃了这么一顿饭——一品脱汤、一大盘土豆泥、烤豆、香肠和40个李脯。他吃掉所有这些只用了45秒。

　　身体主人请注意，能量补充得太快，可能会导致从嘴和身体后部的气体／固体排泄管（也叫肛门）排出难闻的味道。粗鲁的人称之为打嗝和放屁。这种气体是由快速吞下食物时携带的空气以及食物的微生物所释放的气体混合而成的。如果食物吃得过快，唾液没有机会消化，就需要微生物来帮助，所以就会产生更多的气。

　　快速吃东西的身体会感到胃里有酸性物质流出，这叫做烧心和不消化。不消化会引起胃部疼痛。

快速打嗝

　　快速吃东西的身体还会碰到这么一种情况，横膈膜失控地抽动，科学术语叫做呃逆（还记得吗？横膈膜下拉帮助呼吸）。神经信号由于快速进食而混乱，于是产生了打嗝。为了证明这个理论，男爵让怪物吃一只活青蛙。

打嗝的时候，如果你屏住呼吸，可能会有抑制作用。这可以使二氧化碳进入血液，减慢抽动神经的活动。当怪物喝水的时候，它屏住呼吸，也有同样的效果……

怪事研究：热嗝

有些治疗打嗝的办法本手册并不推荐。一个维多利亚时期的土地领主约翰·麦顿为了止住打嗝，放火烧了他的睡衣。结果他把自己烧死了。他最后说的话是：

身体的主人已经知道了不应该吃得过快，但是也没有必要在进餐时嚼上几年。1903年美国的身体专家霍里斯·弗莱彻宣称（当然这个说法是错的），食物需要很多次很多次的咀嚼。为了证明他的想法，他给其他专家提供了他的大便的样品。而他们否认了他的愚蠢想法。

身体数据

1. 在咽食物的时候，身体的主人不应该说话、唱歌和大笑，否则食物下咽时会走到错误的路上，让你喘不上气来……

2. 如果食物堵住气管，人会被噎住。1994年，墨西哥的音乐家拉蒙·巴瑞罗演奏世界上最小的口琴的时候，不慎把口琴吞了下去，被噎死了。这可不是闹着玩的。

你可能想知道，你急急忙忙吃下去的东西究竟怎样了。读到这里，你将会知道胃分解食物里的化学物质，输送到血液里（如果你刚来，请查看第18页）。

接下去，我们来讲更科学的东西。男爵，下面该讲什么了？

好奇怪的表达方式

男爵说：

你这个傻瓜！ATP（如果你想让男爵吃惊，告诉他这是一种叫三磷酸腺苷的物质）是你身体的能量储备。身体的细胞用吸进来的氧气将葡萄糖里的化学物质或者其他食物变成ATP。身体用ATP支持肌肉和重要的化学反应，使身体生长，供各部分功能发挥作用。这个将食物变成能量的过程叫做呼吸，从肺里呼出的废气叫做二氧化碳。哈哈！

谢谢你，男爵。在我们讨论能量的时候，我们应该说说在本章开始提到的话题。谁记得是什么？醒一醒，身体的主人……改善你的身体不完全靠能量，还需要健康，你知道这是什么意思吗？

话题之三：活动活动，开始锻炼

身体的主人对锻炼有不同的看法。有些人长期参加体育活动；有些人则懒懒地等着参加"沙发土豆大赛"，他们系鞋带都需要深吸一口气，或是暂时不吃巧克力。

这本手册认为锻炼对你的身体好处多多。如果你每天使用10次擦屁股机，迟早机器会坏的（我想，这台机器会起不到擦的作用），但是你的身体不一样……

实际上，你越多地使用你的肌肉，它们就会变得越粗大。你的肌肉越粗大，你的身体也就越强壮。根本不参加体育活动，会使你的肌肉瘦小，没有力气，这可不是好消息。

需要锻炼的身体！

这本手册不是讲怎么让你成为超级运动员，或是足球运动员，或是你想成为的哪一类。就照顾好你的身体而言，唯一的要求是尽量多地从事体育锻炼，并合理饮食。我几秒钟后再回来，让男爵先来说两句……

我下了决心，要让怪物赢得年度怪物环城长跑比赛。我想了很多个晚上，也设计了训练计划，但是我还是很担心他的竞争对手。"狼人"有四条腿，"大脚怪"的长腿足够配得上它的大脚，"木乃伊"训练得非常刻苦。但是如果怪物做更多的练习，变得更强壮，这一切都不是问题。

怪物，把我的鞭子拿来！

狼人

大脚怪

木乃伊

男爵，先停停！

锻炼不是强迫你的身体，而是享受。所以，为什么不试试新的运动呢！骑车怎么样？游泳也很好，因为你可以用上全身的肌肉。就像我说的，从锻炼中获得乐趣。除非你有一副运动员的体格，否则运动就是为了有更多的欢笑，而不是赢得胜利。

给身体主人的警告 8

如果你的身体还不习惯运动，开始的时候要慢一点，以避免抽筋。对某些身体来说，还会有酸疼的感觉。

身体数据

1. 抽筋是由肌肉里快速生成的乳酸造成的。当肌肉细胞在没有足够的氧气下想产生能量，这时就出现了乳酸。对那些不习惯运动的肌肉来说，一旦劳累，更容易抽筋。

2. 一位美国科学家想研究蜥蜴在奔跑的时候产生多少乳酸。他先让蜥蜴使劲跑，然后把蜥蜴扔进食品搅拌机……对了，你应该能知道下文。他测量了蜥蜴肉酱里的酸度。谁想喝蜥蜴汤？

给身体主人的警告 9

身体的主人可不要拿仓鼠、竹节虫、你的小兄弟或其他无助的小动物做这个实验。

为了避免抽筋，要像怪物一样，在运动前做做热身：

现在你的身体可以进行一些适当的锻炼了。让我们来看看你是否受得了这个艰苦的测试（别担心，没那么艰苦）。

测验你的身体 5：锻炼身体……但是不离开椅子

你需要：

▶ 你的身体和你的一个朋友的身体

如何去做：

1. 让你的朋友按任意的次序读下面的要求，而你的身体随着做动作。看看你的朋友能读多快，你的动作又可以做多快！

2. 下面就是要求：

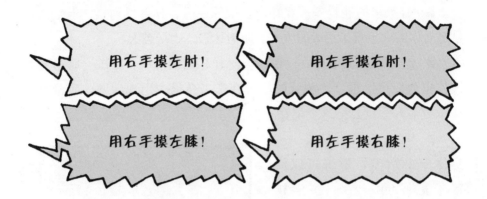

用右手摸左肘！

用左手摸右肘！

用右手摸左膝！

用左手摸右膝！

3. 如果你做够了，你们两个换过来。你读要求，你的朋友做动作。

你会注意到：

你可以很快地做动作，但是脑子很容易被那些要求搞乱。那么你是怎么做到的呢？我希望你不会大汗淋漓，拧起来就像块旧桌布。台阶是不是已经像珠穆朗玛峰了？如果真是这样，你可以靠在舒适的椅子里，回味一下锻炼带来的丰厚回报……

锻炼带来的丰厚回报

定期的锻炼可以使你：

▶ 身体产生更多的肌肉细胞，使肌肉更粗大强壮。你的身体感觉更好，更自信，走路的姿态也更美。

▶ 有更多的能量——我知道在锻炼之后，你会感到累，但是休息之后你实际上有了更大的力气。肌肉越强，力量越大。

▶ 有更强壮的心脏——像肌肉一样，在锻炼中，心脏会跳得更快，也会变得更强壮。强壮的心脏在未来会很少出现问题。我希望身体的主人一定要把这个记在心里。

▶ 有更聪明的脑子——身体专家指出，锻炼可以使脑子更聪明。在一些学校里，儿童在课间进行锻炼，而这些孩子在考试的时候成绩也更好。强壮的心脏可以推动更强的血流到人的脑部，帮助脑子工作得更快，学东西也更多。

▶ 晚上睡眠好——在下午的后半段或晚上锻炼，可以放松你的身体，使你睡得更好。

▶ 快乐——锻炼能够使脑子感觉快乐！它释放出使你感觉良好的物质内啡肽。你看，锻炼确实要比巧克力好！

你是什么意思，你一定要吃巧克力？

振作起来，读者们！由于刻苦的锻炼，怪物可以参加比赛了。它能不能赢呢？只有时间能作证……

几个晚上之后……

半夜的钟声敲过了。我的心跳得厉害，我不得不尽量控制自己的兴奋心情。怪物们已站到了起跑线上……

大脚怪	怪物	木乃伊	狼人	死尸

愚蠢的"死尸"跑错了方向。"狼人"领先，后面是"大脚怪"，怪物落到了最后。"狼人"停下来去闻一只死羊，"大脚怪"踩到一根钉子上。现在只剩下"木乃伊"，但是它的绷带被人踩到了，不得不停下来系……

当然，我和这些事故没有关系，但我的确帮助怪物冲过了终点。不管怎么说，我们赢了！无论作者说什么，获胜对我这样一个疯狂的科学家来说就是一切！

我要妈妈！

好了，我们以这场胜利结束本章……不过，等一等，我忘了讲身体是如何排出废物的。我想这些恶心的事情对身体主人来说也是重要的，所以请捏着鼻子继续看……

话题之四：固体废物排出程序

人的身体都会产生固体废物，它有很多种名字，大多数对这么一本值得尊敬的手册来说有点粗俗。

每天这些臭气熏天的废物会从身体后部的气体/固体废物排泄管（肛门）排出一次。粗纤维可以抓住废物，使它们移动得更快一些。如果身体补充的能量都是粗纤维，身体一天可以产生7次废物。

身体数据

你要是这么想，就没事了。可爱的大熊猫吃竹子，竹子全是粗纤维，所以它一天拉48次。真的，确实如此。

关于固体废物的三个问题，但是不该在饭前读……

1. 人的一生中，平均要在厕所里花掉6个月，所幸的是每个家庭成员不会连续在厕所待6个月。

2. 多数的身体主人厌恶屎的气味，当那里有两个……他们知道……做个深呼吸，别去想那个画面。可有些身体居然吃屎！1731年，巴黎的一位妇女就吃了一盘屎。她用一些黄色的液体将这顿恶心的饭冲到肚里，液体有点像……你猜对了！她是为了宗教的原因才这么做的。让我们祈祷再没有人这么做。当美味佳肴搬上桌的时候，你的家里人可不会让你读这段。

3. 虽然屎是见不得人的东西，但是在1994年，荷兰的乐瓦顿博物馆却别出心裁打破了这一规则。广告就像这样……

欢迎观看我们的新展览

屎！

这是世界上独一无二的展览

检查一下维多利亚时代一个裁缝的屎的特写照片

臭味扑鼻的屎块，供触摸和闻味。

抓住真的动物和猛犸的屎。

欢迎光临我们的纪念品商店，购买挂着干屎的耳环。

如果哪位饿了，我们的点心店有折扣食品。有人想尝尝吗？

新闻界的评价

真是一堆屎。
——海格先驱报

这个展览——真臭！
——阿姆斯特丹时报

这家屎博物馆真不该存在！
——荷兰新闻

我们该找个借口，离开本章了。这是什么？啊！不！蛆从第99页爬到这儿来了！

蠕动！ 蠕动！ 蠕动！

身体的自动修复系统

你的身体可能会被撞坏，或受到病菌的袭击。正如你知道的，你的身体能够自动修复创伤和消灭病菌。作为一个负责任的身体主人，你应该知道这都是怎么发生的。

现在，我们要介绍本手册特邀的身体顾问——"冷酷"医生。在"呻吟"村里，"冷酷"医生是深受爱戴的医生，可他却总是对病人的病情置之不理。

我从不在周末出诊。到了星期一，病人们或是好了，或是死了！

最后一点我说错了。事实是，如果他是你的医生，你会得到"悲惨的防御性治疗"。在听这位医生讲之前，我们先来看看一个受伤的身体是如何自主修复的。

身体的自我修复系统

男爵同意我们看他发黄的相册，里面记录了怪物受到的身体伤害（敏感的读者可能想闭上眼睛看这章）。

动！

可爱的年轻人！怪物经常和"死尸"打架。在我的《错误事件》影集里，有许多张怪物受伤的照片。

淤血

当身体受到打击的时候，皮肤下面的血管会渗出血液。血液中的化学物质分解，使皮肤最初呈蓝黑色，之后是红、紫、黄三种颜色的混合，像绚丽的落日。白细胞将对"战场"进行清理，淤血的地方颜色渐渐变浅。

黑眼圈是淤血的眼皮……

"摔跤耳"（拳击或摔跤运动员受到连续打击而变得畸形的耳朵）是皮肤下面的血肿造成的，而不是一个大菜花粘在怪物的脑袋两边。

好一个血块！

当皮肤被切伤或擦伤，身体的自动修复系统就立即启动。血液里的13种化学物质形成有黏性的纤维，把那些受困的红细胞和细小的血小板凝结成血块。

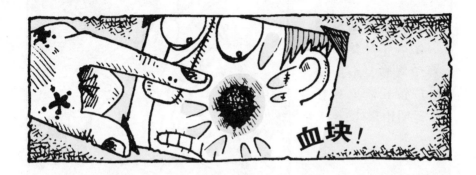

作为身体的主人，你应该想知道，皮肤在下面修复的时候，血块在上面变干，形成脆的痂，防止病菌深入。皮肤的修复从伤口的边缘开始，但是有些年轻的身体主人却会将伤口上咯吱咯吱的死痂揭下来吃掉！

但是，"冷酷"医生并不高兴……

断的骨头在长起来之前，也会在骨头的末端形成血块。这就是为什么要打石膏、上夹板以保证断骨笔直地接在一起的重要原因。一旦骨头重新长好，特殊的细胞可以让受伤的部分长得尽量和以前一样。

身体数据

20世纪90年代，英国的身体技师（外科医生）研究了一种黏结断骨的新胶水，里面有混合了螃蟹屎的血液。我的天！

吓人的伤疤

如果伤口很大，身体将用骨胶填满伤口。骨胶不是皮肤，而是一种紧急的皮肤覆盖物。你知道，它看上去有些不同。骨胶愈合的部分叫做伤疤。如果身体的主人几年来身上有了些伤疤，也不必大惊小怪。身体如果能够一直保持完好无损当然很好，但是碰伤和划伤很难避免，所以有几处伤疤是正常的。有些身体主人甚至认为伤疤可以给他们的身体带来一种粗犷的感觉。

身体数据

你知道，2001年科学家试制出喷上去的皮肤。这种喷剂含有病人的皮肤细胞，喷到伤口后可以加速皮肤愈合。我希望他们可别错用了家具喷漆，就算是有个长久光亮的外表也不行。

怪事研究：受伤的身体

我要告诉身体的主人们，他们的身体可以抵御不可思议的伤害，例如：

1. 1984年，在一场大火中，一个美国男孩几乎烧坏了所有的皮肤。身体专家用他所剩的一点点皮肤在实验室复制了他的皮肤，与此同时，他被裹在从死人身上取下的皮肤里。令人惊异的是，他活了下来。

2. 一个加拿大的伐木工在砍树的时候，他的锯滑了下来，把自己切成了两段，只有脊柱里由脑子向身体传递信息的神经没有遭到破坏。直升机将他送到医院，医生们将他的两段身体缝了起来。他回家的时候又是完整的一个人了。

糟糕，不好啦！

我们所谈到的严重受伤和身体修复工作，会遇到一个问题，病菌会从伤口爬到身体里去，这叫做感染。身体的主人还会发现水一样的物质从伤口流出来，身体专家称这种物质为脓。脓是身体里病菌防御系统的产物……请等一下，男爵要告诉你一些恶心的细节……

新鲜的脓真香！脓是血液里的水、死亡的白血球和死的病菌的混合物。发臭的棕色的脓说明感染很严重，肢体可能要被切掉，哈哈！小滴的脓水说明身体的防御系统正在努力工作，让伤口更快地痊愈。

脓流到猫咪头上了！

作者的一点说明

男爵刚刚拿他的家庭治疗秘方给我们看。他说大多数的方法都在怪物身上试过了，但是我不敢肯定"冷酷"医生会同意。

哼！这本书完全是胡扯！

父亲

弗兰肯斯坦男爵的
治疗秘方

舔伤口

在争斗中受伤以后，所有的动物都舔自己的伤口。口水可以洗去脏东西，而唾液里含有杀死病菌的成分。但因为口腔里有很多微生物，所以不能杀死所有的病菌。医生还告诉我不要在伤口上吐口水。

舔！

伤口；细菌

清洁感染的伤口

将一小罐蠕动的蛆倒在伤口上。那些晃来晃去的小家伙！蛆可以吃掉腐烂的肉，帮助治疗。现代的医生也使用蛆，澳大利亚的吉姆巴部落传统方法中使用的绷带上既有血，也有蛆。这都是因为同样的原因。多么引人入胜！

蠕动！咀嚼！扭动

别让它们待的时间太长了！

幸运的是，如果你的身体受到病菌的袭击，你不需要依靠男爵陈腐的偏方。你身体里的自动灭菌系统已经准备好了……

自动灭菌系统

读到现在还清醒的读者知道，皮肤、鼻涕和眼泪是身体防御系统的一部分。但是，如果病菌进入身体，它们会被身体里超级复杂的血细胞（白血球）防御系统杀死。看看这个系统是怎么工作的……

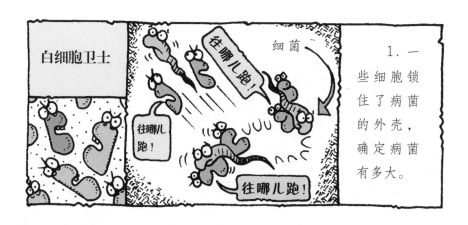

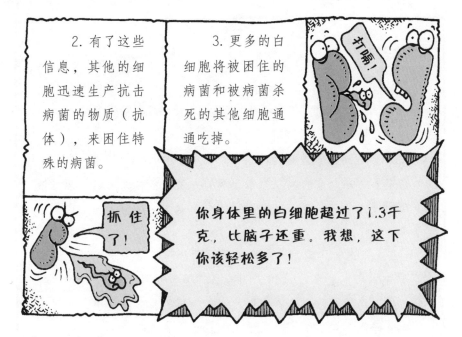

疾病好攻击年幼的身体

有些年幼的身体因为防御系统还不够好，不能抗击病菌，所以连续受到周围疾病的攻击。实际上，年幼的身体经常是从当地的病菌工厂（对不起，我指学校）染上疾病的。

幸运的是，有些小身体很坚强，恢复得很快。他们的细胞有记忆能力，能够记住病菌，下次还会杀死它们，所以防病菌系统越长越好。相比之下，把那些还很瘦弱的学生送到学校就太早了……

2000年，意大利的身体专家表示，脏东西对年幼的身体有好处。按照这种说法，玩泥巴的时候抓到病菌、让狗咬一下、亲吻你家的猫、舔地上的冰棍，都可以使你的白细胞记住病菌的模样，然后使身体反击。下一次搞得脏兮兮的时候，年幼身体的主人可以试试这个借口……

谁说"不干不净，吃了没病"？

身体数据

1. 病菌爬到手上，手再去触摸鼻子，身体就容易得感冒。而用鼻子去吸病菌，肯定会得感冒。你的身体会觉得不舒服，看护你的人更不舒服。

2. 治疗感冒和流感（感冒更严重的一种形式）的唯一办法是躺在床上，喝大量的水。根本无效的方法包括在胸上擦猪油（俄罗斯的风俗），在脖子上围黑猫的皮（美国的风俗）。谁说黑猫是幸运的标志？

3. 2000年，美国内布拉斯加大学的科学家表示，喝鸡汤有助于身体产生更多的鼻涕。因为鼻涕是身体防护系统的组成部分，所以鸡汤对治愈感冒有好处。你知道，我依然觉得还是母鸡的味道好。

我想，身体的主人，你应该有这么个印象了，你的身体可以自己修复。但是身体的主人还在发明自己动手的治疗方法。这些方法就像将你的宠物狗放进一只装有大蟒的笼子，然后说："希望你们不介意共同使用这个笼子！"男爵是一个老派的发疯的科学家，他是那些不可靠的老偏方的支持者。我们再来看看他的治疗秘方……

弗兰肯斯坦
男爵的治疗秘方

弗兰肯斯坦男爵的治疗秘方

如何用尿治疗喉咙疼

关于这个提议有两种说法：我认为有效，其他人认为没作用。用热鲜尿漱口是中国古老的药方。我用怪物试了一次，他再也不喊喉咙疼了。

不是你想象的便盆

哇！

不要把尿布塞到婴儿的嘴里

尿布治皮疹

在美国南部，一种传统的方法是用蘸着婴儿尿的尿布擦拭皮疹，他们甚至用它擦脸。

真爽！

如何减轻耳屎

在古老的中国，人们将热尿倒进耳朵里，使耳屎变软。即使这样，怪物耳朵里最硬的耳屎还是弄不出来……

别再灌了！

你说什么？

我想，"冷酷"医生并不觉得这些办法有多好。

哼！这些所谓的治疗秘方全是胡扯！

祖母

怪事研究：尿

尿里的尿素在大剂量的时候是有毒的，尝起来也很糟，可偏偏就有人喜欢喝。20世纪70年代，印度总理莫拉吉·德赛每天喝一杯自己的尿——他是个傻总理吗？有的人这么想。英国人菲尔·西斯是另一个喝尿的人，在20世纪90年代，他也每天喝一杯尿。他承认味道不好，但还是坚持喝，并且用余下的尿洗澡。

订购身体零件

当身体彻底坏了，或者是受的伤无法修复，医生可以将毁坏的部分切除，换上其他死去的身体的零件。实际上，在医院里，你可以换心脏、肝、肾，甚至是手。我想它们一定是从二手商店来的。

不开玩笑了，当一个身体不能修复的时候，这些拆下来的零件都是没用的。但是在2001年的美国，身体的零件可以卖钱。下面是那一年的实际价格。看到一个死去的身体值那么多钱，你一定觉得惊异。

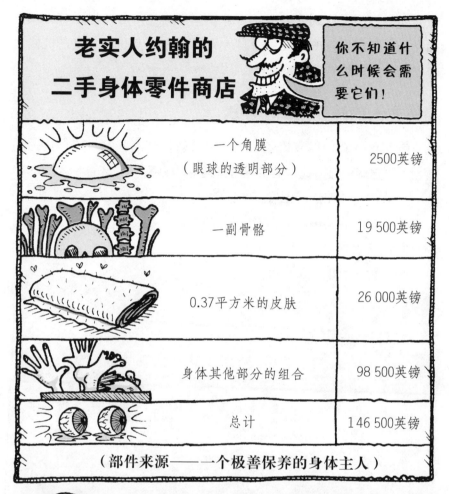

老实人约翰的 二手身体零件商店

你不知道什么时候会需要它们！

	一个角膜 （眼球的透明部分）	2500英镑
	一副骨骼	19 500英镑
	0.37平方米的皮肤	26 000英镑
	身体其他部分的组合	98 500英镑
	总计	146 500英镑

（部件来源——一个极善保养的身体主人）

给身体主人的警告 10

　　身体的主人，你一定不能卖掉你身体的一部分，特别是它们正在工作的时候。而把你身体的重要部分换成别人的，可能会导致身体的瘫痪。

如果你不喜欢别人的身体零件换到你的身体里，你还有另一个选择：用专门设计的产品。身体专家一直在研究和不断改进机械化的替代品，包括关节、喉咙和心脏。

身体主人的修复知识小测验

看完这一章，你应该了解了关于身体修复的基本常识。请你判断，下面这些由男爵提供的情况哪些是对的，哪些是错的？

1. 你的身体无法产生蓝色的鼻涕。

2. 打击你的头可以使你看到星星。

3. 阅读磨损你的眼睛。

4. 注射尿可以抵御病菌。

答案

1. 对（在理论上）。有些细菌是蓝色的，因此擤出带病菌的鼻涕可以是蓝色的。你可能看到过蓝月亮（我的意思是在蓝色的手帕上），你也会碰到绿色的鼻涕，那是一种白细胞产生的灭菌物质，里面含有铁。

2. 对。头部受到打击后，身体视网膜的感觉器被开启，向脑子发射神经信号，就产生了这些闪烁的星星。身体的主人可不要用敲击头部的方法看星星，用望远镜好了！

3. 错。在昏暗的灯光下阅读，控制瞳孔（就是让光线进入眼球的洞）张开的肌肉会很累。但是阅读不会伤害眼睛，不要担心，你尽可以读完本书的其余部分。

4. 错。在1990年，美国加利福尼亚的一位医生给他的病人注射尿的时候遇到麻烦，所以才这么说。

你做得怎么样？你能做一个身体专家，还是知识依然不够？下一章你会遇到很多吸引人的东西，讲零散的身体部件的组装，而且是你亲手来做！

身体故障的排除

人的身体是要用一生的，但是"冷酷"医生一定要提醒我们，该出毛病的早晚会出毛病，有的时候，身体自身的修复系统也需要帮手。他制作了一个身体检修的图表，让你知道什么时候身体可以自己做，什么时候需要帮助，以及你要如何处理常见的身体问题。谢谢，医生！

不客气！

检修图表 1：头部

症状	可能的原因	医生的治疗方案
流鼻血	血管破裂是由以下原因造成的： 1.高血压：脑子过度兴奋。	我那些流血的病人一直在惹麻烦——特别是小孩，这些小吸血鬼。

继续 →

症状

流鼻血

2.干燥的空气破坏了鼻子里血管的管壁。

3.身体主人猛出气，或是挖鼻孔。

狂擤！

猛挖！

捏住鼻子，向前倾几分钟。

连续几天都不能使劲呼气，否则会把治愈的机会吹跑的。

头皮屑

头部皮肤细胞的碎片，可能是由微生物感染造成的。

使用去屑的洗发水。

去屑洗发水

一个傻瓜问我怎么抓住头皮屑，我说："用纸袋！"

109

身体数据

1994年，南美洲的乌拉圭曾经卖过一种"头屑死光光"的洗发水，效果非常明显，以至于几百个顾客全秃顶了。那一定是一种剃头的感觉……

检验图表 2：消化系统

症状	可能的原因	医生的治疗方法
腹泻	腹泻通常是胃部感染造成的。身体为了消灭病菌，将消化道里的东西通过身体后面的废物排泄管排出。	自己就可以解决。病人需要休息和饮水，以免脱水。脱水可能会导致死亡。
	先别说了……我要拉了！	补液　傻瓜
便秘	1.大脑排便信号紊乱时，粪便结成块，由于肠道吸走了水分，它会变得很硬。	多吃纤维食物，使身体更快地、更多地排出废物。你的马桶可高兴啦！
	吸！吸！	扑通！

继续

症状

便秘

2. 身体缺乏粗纤维，使食物和粪便通过肠子的速度减慢。

他蹲在厕所里！

给你麦片（粗纤维）！

我等不及了！

通便剂可以帮助排泄。而我把诊室的厕所锁上了，当药物开始起作用，看着病人飞快地冲出去，真有趣！

厕所

呕吐

当胃拒绝进来的食物时，即产生呕吐。原因很多，紧张、感染和吃不干净的食物都有可能带来这个恶心的结果。

哇！哇！

呕吐的人应该小口地喝甜水，以避免脱水。

吸溜！

当然，研究呕吐也很有意思。饭后，我常拿一两罐呕吐物进行研究。

怪事研究：王冠不是好戴的

那不勒斯的国王费迪南一世（1751—1825）患有慢性便秘。当他饱受拉不出屎的痛苦时，就请来一大群朋友到皇宫的厕所里与他做伴。奥地利的约瑟夫皇帝就是其中之一：

尴尬的身体变化

最终，年轻的身体开始了奇怪的变化。你将会看到，这并不是身体的故障，但是对一个困惑的身体主人来说却很像。身体会在一些不寻常的地方长毛（你还记得吗，人的毛比黑猩猩的还多。这些毛不是新的，但是每根毛比以前更长更粗）。

你明白了吗？傻瓜，他们不是要成为狼人，比那个更糟——他们变成了年轻人。

身体数据

1.脸红是一种基本的身体反应。脑子启动感觉尴尬程序的时候，人就会脸红。脑子将一种化学物质溶进血液，使皮肤下的血管扩张，之后再使苍白的皮肤变红。年轻人常在出错的时候皮肤发红。

2.年轻人的声音越变越粗，是因为发出声音的声带越来越大。成年男子的声带更大，所以声音总是低沉、沙哑，像隆隆的声音。

成为年轻人通常要花上几年，这是身体成年的必经步骤。女孩身体要变成女人，男孩身体要变成男人。女孩的变化一般要比男孩早两年。在这个时候，女孩要比男孩高，但是男孩随后会赶上来。

与此同时，女孩的卵巢和男孩的睾丸会向血液分泌一种叫激素的化学物质（谁说年轻人懒惰呢）。激素使男孩的肌肉粗大，身上有更多的毛。激素使女孩有经期，在隐秘的地方长毛，身体更有曲线。

身体数据

小小一点激素就能走很长的路。设想一下，如果一个年轻人的血液像游泳池里的水（我知道如果游泳池里全是血，看上去一定非常可怕，你绝对不会在里面上游泳课的），激素也就如同一小撮盐。

我们来看看年轻人的身体问题：

检修图表 3：年轻身体常见的问题

症状	可能的原因	医生的治疗方法
体臭	年轻的身体从腋窝和其他隐秘的地方分泌带油脂的汗。那些贪婪的微生物就靠吃这些黏稠的油脂生活，于是产生臭味。	定期地洗衣服和用灭菌肥皂洗澡。

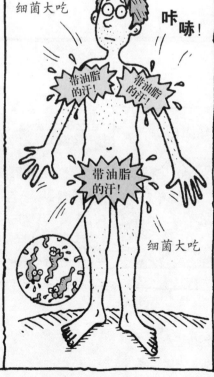

我不想就身体的味道开玩笑，玩笑本身就很臭。

继续 →

症状

口臭

由病菌引起。口干（没有喝足够的水）、没刷牙、吸烟、喝酒、吃洋葱和大蒜，会使情况更糟。

用水漱口和刷牙，或者让牙医清洗一下。

如果一个病人口臭，脚也臭，那一定是口和脚都有病，哈哈！

好奇怪的表达式

我研究halitosis。

你要看哈里的脚趾……谁是哈里？

答案

错！比错误更糟。这个身体专家研究的是口臭，halitosis是他们称呼脏嘴的专业术语，即口臭的意思。

身体数据

1. 不只是年轻人才受口臭之苦，所有的人都会，只不过年轻人最害怕它，特别是与男朋友或女朋友约会的时候。身体的主人应该受到警告，他们一生中只能接吻两个星期，伤感的接吻啊！

2. 一种传统的治疗臭脚的方法是将麦麸填进袜子里，起到吸汗的作用。这实际上没有效果，但是至少早晨你可以做油乎乎的麦片粥。

用正确的脚步开始一天！

麦片

怪事研究：低贱肮脏的贼

2000年，在美国的圣地亚哥，一个强盗占领了一家银行。银行里面的每个人不是举起双手，而是捏紧鼻子，因为这个人太臭了。他算得上是个难闻的强盗。警察的直升机用广播告诉人们注意这个浑身有味的人。之后不久，一个鼻子灵敏的旅馆接待员注意到一个新来客人的怪味道，她打电话叫来了警察。一个警察随着自己的鼻子找到了这个人（警察确实是这么做的）。这个人被逮捕，送进监狱。他至少应该洗个澡，准备一个清洁的退路。

斑点、疖和小脓包

怪物很高兴，因为"吸血鬼"请他去她的坟墓。但是今天早晨，浴室里传出一声可怕的尖叫。怪物脸上有粉刺，年轻人称之为小脓包。他的脸上斑斑点点，像个迷宫。我告诉怪物，80%的年轻的身体上都有小点，它们是由那些为了保护皮肤而分泌过多的油脂形成的，也是可爱的激素的产物。皮肤的出油管道被堵塞了，并且被可恶的病菌感染，脸上就有了小包。怪物并没注意听我的话。他痛苦地呻吟着，还试着挤脸上的粉刺。脓都溅到我的眼睛里了。

这个傻瓜只能把事情搞糟。如果他手上的病菌进入小包，感染会更厉害。他应该每天洗掉皮肤和头发上的油，使用防止粉刺的药水和清洁面膜。如果他去约会，应该在头上套一个纸袋。你知道，快乐对年轻人来说太重要了！

1942年
出土

使人发愁的疣

谈到皮肤的问题，在民间的药方里，治疗疣的占有非常大的部分。谁能比一个疯狂的科学家的治疗秘方告诉我们更多呢？

弗兰肯斯坦男爵的治疗秘方
对疣的治疗

我认为长几个疣的脸更漂亮，可是很奇怪，其他人并不这么认为。所以如果怪物脸上长了几个，我就要试试这些传统的秘方……

> 这是你的最佳表现吗？

狗尿治疗法

将狗尿抹在疣上。在都铎时代，这是很流行的治疗方法，但是我不认为在长着疣的人中间也流行。如果这个方法无效，患者可以经常用猪血药膏擦。

应该这么做。

死鼻涕虫治疗法

从花园抓一只肥大的鼻涕虫，捻碎了，将黏糊糊的虫汁抹在疣上。如果这也没用，你可以再去抓一只蚱蜢，让它用强壮的嘴咬你的疣。

119

别！千万别这样！

猫尾治疗法

在五月份，用龟壳猫的尾巴打你的疣。我也想知道到哪儿去找这么一只猫！需要把尾巴切下来吗？

口水治疗法

早晨起来的第一件事，就是舔你的疣。别人告诉我，在20世纪90年代的美国堪萨斯，长有疣的孩子被送到教堂。祷告完之后，一个叫"疣女士"的人用舌尖舔每个孩子的疣。我听起来都觉得恶心。

我想知道这些方法是否奏效。从"冷酷"医生的反应来看，明显不行……

你这个骗子！胡说八道！废话！

多灾多难的成年身体模型

成年身体的主人经常告诫年轻身体的主人要注意身体。基本上他们说的都是有道理的。但是需要指出，有些成年的身体主人并没有照顾好自己。喝太多的酒、抽烟和吸毒，都会给身体造成重大问题。谁说成年人就一定对呢？

往下读，不然要后悔的……

危险的喝酒、抽烟和吸毒

令人不安的酒精

人的身体不需要酒精，也不想要酒精，即使身体的主人非要喝不可！酒精通过胃进入血液，之后，肝就不得不每小时处理28克酒精。这意味着，身体在一个小时内喝一小杯啤酒不会醉，更多的酒精进入血液，会在后面的几个小时内影响大脑。

亲爱的读者，我来给你讲讲在"死尸"举办的万圣节晚会上，喝了酒的怪物是如何表现的……

午夜：怪物的第一杯酒

这个阶段，怪物看上去还很正常。正常是按照他的标准而言。

夜里12：30：
怪物的第三杯酒

酒精将灭菌的唾液吸干，嘴里开始发臭。

酒精使皮肤下面的血管扩张，他满脸通红。

凌晨1点：怪物的第四杯酒

我在坟地里游荡，我挖出了尸体。牧师被我吓坏了，只听到一声尖叫……

啊！

酒精使听力下降，使怪物说话的声音越来越大。喝醉的怪物觉得自己很风趣，其实他变得很乏味。

凌晨2点：怪物的第六杯酒

我……周末……没……有……休息……

酒精砍打了脑子的语言系统。

行动迟缓是因为酒精影响了脑子里的运动控制中枢。

血管扩张得更大，更多的血流到肾里面。肾制造出更多的尿。

救……救我！

酒精使胃不舒服，引起呕吐。

第二天早晨

我想死！

你必须先活过来再说。

酒精使身体缺水，引起头疼、疲惫和虚弱。这个阶段叫宿醉。

一个傻瓜认为我的诊所是酒馆，说他自己感觉像一瓶酒。我对他说，盖上塞子。实际上，一两杯酒不会有危害。和傻瓜们辛苦地打了一天交道之后，我会美美地喝一杯酒。少量饮酒可以减少血管里的血液堵塞。

恐怖的烟草

有些身体主人觉得抽烟很酷，很有风度，很像成年人。那为什么不去练跳崖蹦极？那种运动更刺激，对身体的损害也更小。让我们近距离看看香烟里面有什么……

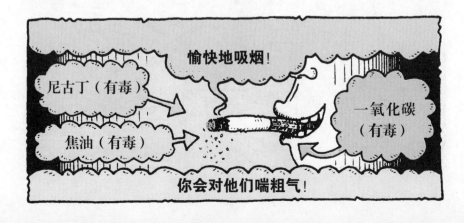

愉快地吸烟！

尼古丁（有毒）

焦油（有毒）

一氧化碳（有毒）

你会对他们喘粗气！

是的，你看出来了。所有这些物质都是有毒的。是的，它们全都危害健康。像多数医生一样，"冷酷"医生坚决反对吸烟……

所有吸烟的人应该让他们能吸多少就吸多少，这就叫"引火烧身"，不，应该叫"吸烟自焚"。我的一个傻瓜病人——烟缸夫人，不仅抽烟，而且身体超重。她是个大烟鬼。她在学校的餐厅工作，将恶心的烟灰弹到卷心菜和蛋糕上面。孩子们吃了以后，吐得到处都是。可是校长没有勇气让她滚蛋！

吸烟引起口臭，如果你想知道会有多臭，去亲亲烟缸——我是说烟缸，不是烟缸夫人！

哇，烤鸭！

吸烟者的病历档案

绝对机密

姓 名: 烟缸夫人

诊 断: 受到吸烟的危害,以下症状非常明显:

皮肤皱纹很多(烟毒杀死了细胞)。

棕色牙齿(烟的痕迹)。

牙齿脱落(牙龈疾病)。

病情预测: 有以下危险:

中风:脑子里形成血液凝块,危及控制肌肉运动的系统。

高血压:可能导致失明。

窒息:由肺部的损害引起。

肺和呼吸道疾病:有些吸烟者会患上舌白斑病。

心脏病:脂肪在心脏周围堆积过多,由尼古丁引起。

腿部疼痛:由血管收缩和肌肉缺氧引起。

血栓:可以使胳膊和腿溃烂。在某些极端的情况下,吸烟者要把胳膊和腿截去。

建 议: 立即戒烟。

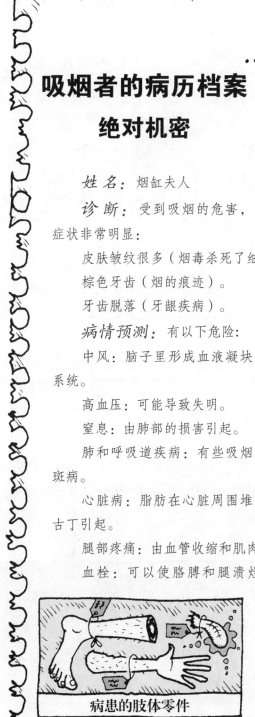

病患的肢体零件

应该指出，这些还不是吸烟的最坏结果。医生们相信，每吸一支烟可以减少生命5分钟。

问题是烟缸夫人已经对尼古丁上瘾了。10秒钟之内，尼古丁就能使她头脑更平静，更清醒，所以没有它真的很困难。这就是为什么即使钞票不多，吸烟者也要抽昂贵的烟。吸烟者越早戒烟，他们远离这些讨厌的疾病的机会就越大。

"冷酷"医生决心狠下心做个好人。他和男爵谈了一下，男爵同意把烟缸夫人的烟拿走，再将她锁在地牢里，直到她同意永远不再抽烟了……

危险的毒品

给身体主人的重要信息：

我们周围有许多危险的毒品，但是身体主人只需要知道三件事：

▶ 所有被禁止的毒品在大剂量服用时都是有毒的。

▶ 被禁止的毒品是由冷血的罪犯控制的，他们即便乐善好施也不能算是好人。为什么不花钱帮助毛茸茸的小羊和可爱的小狗？那样值多了。

▶ 没有人能够通过吸毒得到长久的快乐。许多人发现的是长久的不快乐，另一些人得到的则是永久的死亡。

唠叨的皱纹

随着时间的流逝，年老身体的主人们抱怨他们的身体毛病越来越多。毫无疑问，他们的身体在逐渐衰弱。这个过程很复杂，身体专家称之为衰老。但是，"冷酷"医生的最新著作解释了这一切：

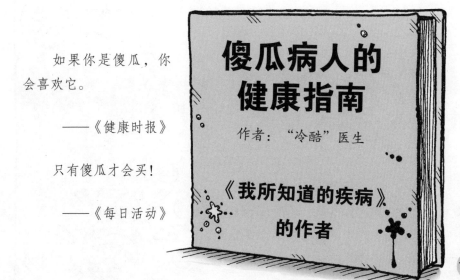

如果你是傻瓜，你会喜欢它。

——《健康时报》

只有傻瓜才会买！

——《每日活动》

傻瓜病人的
健康指南

作者："冷酷"医生

《我所知道的疾病》
的作者

傻瓜病人的健康指南

衰老

你知道，这也就是时间的问题。

衰老总会影响到每个人，没有治疗方法。为了说清楚这件事，我画了一个图表，最笨的病人也能看懂……

身体的细胞里含有DNA。DNA是建造身体的一种化学成分，所有身体细胞里都有。

细胞

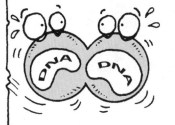

当细胞分裂产生新的细胞的时候，它们的DNA就开始受到破坏。

细胞将食物变成能量，这时会产生叫做自由基的化学物质。自由基也破坏DNA。

死细胞

衰弱！

摇晃！

DNA

当DNA受到损坏，以致不能工作的时候，细胞就死了。随着细胞的死亡，身体开始变老。你知道，衰老会悄悄走近我们每个人。即使我的同行医生也悄然变化，开始在不上班的时候穿拖鞋，穿开襟毛衣，喝可可饮料。

身体数据

虽然在制造能量时损坏DNA是一个重大的设计失误，但这并不妨碍你继续喂饱你自己以保证身体工作。请等一下，相信"冷酷"医生会给你带来好消息！身体主人不能让身体变老的过程停止，但是却可以减缓衰老的速度。

1. 经常运动可以减缓肌肉细胞的流失，在生命的后期还可以使身体保持良好的状态。

2. 正确选择食物也很有用。被称做抗氧化剂的化学物质可以吸收讨厌的自由基，保护你的DNA。这些重要的化学物质还包括新鲜蔬菜和水果里的维生素C、全麦面包和糙米里面的维生素E。

所以，身体的主人们，应该对绿色蔬菜和糙米多用点儿心。

给成年身体主人的消息……

听说红酒里面含有抗氧化剂，成年身体的主人们可能会很震惊。我敢打赌，他们中的一些人为了身体健康，会再打开几瓶，来保证他们获得足够的营养。别忘了过度饮酒的危害（请看第121页）。

让我们来看看人老以后会碰到的问题。"冷酷"医生能处理吗？悬……

检修图表 4：老人的身体问题

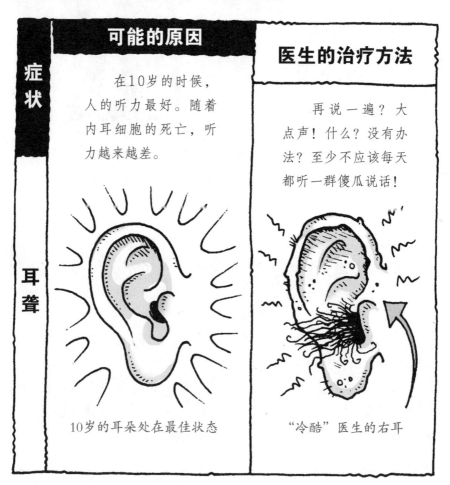

症状	可能的原因	医生的治疗方法
耳聋	在10岁的时候，人的听力最好。随着内耳细胞的死亡，听力越来越差。 10岁的耳朵处在最佳状态	再说一遍？大点声！什么？没有办法？至少不应该每天都听一群傻瓜说话！ "冷酷"医生的右耳

症状

秃顶

作为细胞逐渐死亡的结果，所有的身体都要掉头发。但是男性的秃顶是可以遗传的。

别浪费我的时间，这没有救！

1962年　1982年　2002年

口干

由于唾液生产中的细胞流失，老的身体较少吐痰。

缺少了有灭菌作用的唾液，嘴里会有更多的微生物，还会有口臭和胃胀气。

那是以前了。

胃胀气和第79页讲的吃得过快是一个道理。有这个问题的病人要在外面等。

继续

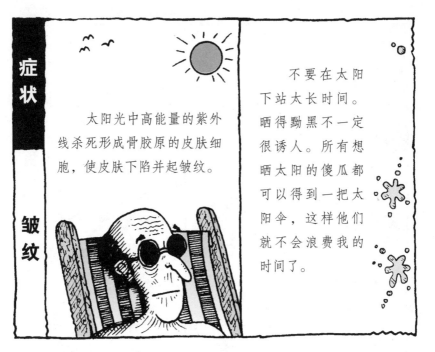

| 症状 | 太阳光中高能量的紫外线杀死形成骨胶原的皮肤细胞，使皮肤下陷并起皱纹。 | 不要在太阳下站太长时间。晒得黝黑不一定很诱人。所有想晒太阳的傻瓜都可以得到一把太阳伞，这样他们就不会浪费我的时间了。 |
| 皱纹 | | |

顺便说一句，"冷酷"医生对他的秃头有点儿敏感。

好奇怪的表达方式

一位身体专家说：

我患有脱发症。

你是不是说：

所以你才戴这么一顶傻帽子？

答案

正确！这就是专家所说的秃顶。啊，今天有头发，明天就秃顶。我觉得"冷酷"医生不会欣赏这个笑话。

但是身体也准备了一个安慰奖。毛开始从眉毛、鼻孔和耳朵里长出来，不是很好吗？在人的一生中，男性身体可以长出两米的鼻毛。喂，电动刹鼻毛器放在哪里了？

怪事研究：秃顶——残酷的噩运

俄罗斯的沙皇保罗（1754—1801）就是一个秃子，他无法用他的头发炫耀。头发对他来说是个非常敏感的话题。一天，一个愚蠢的士兵指着沙皇的秃头说："看，上面什么都没有！"沙皇听到了，命令卫兵将这个士兵枪毙了（我想这个可怜的家伙把"秃头"这个词说得太响了）。

之后，保罗禁止字典里有"秃顶"这个词，并宣布任何人胆敢说这个词就要受到惩罚。

你一定高兴看到，这个残酷的国王后来被他的士兵杀死了。现在的俄罗斯人可以自由地用"秃顶"这个词，而不用担心有生命危险了。

关于身体主人秃顶治疗的小测验

多年以来，秃顶的身体主人都将掉头发看做是一个重大的设计失误，而且一直想更正过来。我们勇敢的《可怕的科学》的插图画家自愿试试男爵的传统秘方。

之前 我都等不及了！

之后 怎么会这样？

对不起，托尼。你所做的就是为下面的每一种东西选择它的使用方法：

使用的东西：

1. 马尿
2. 牛粪
3. 死老鼠
4. 绿茶，蜂蜜和猴子的膀胱

使用方法：

a. 喝下去。
b. 吃下去。
c. 抹在头上。

答案

1. c) 都铎时期的传统方法。当时的另一种方法是将秃顶砍掉。这当然治不好秃顶，但是今后再也不会为此担心了。

2. c) 挪威的方法。你戴20分钟的牛粪——想想牛粪在你头上的感觉。顺便说一下，这个方法和下面的两个在100年前就试过了，而且也都失败了。

3. b) 中国的方法。

4. a) 在巴拿马很流行。

给年轻的身体主人的小便条……

不去问本人，很难知道一个老师的年龄……这也要冒些可怕的风险。更糟的是，女性身体的主人总假装她们的身体比实际的更新。这里有个办法证明你的老师不是25岁（过去的30年里她一直这么宣称）。

检测你的身体 6：你的老师到底有多老？

你需要：

▶ 一个老的教师的身体（如果找不到，一个老的但不是教师的身体也行）

▶ 一个年轻的身体（理想的情况是同一个家庭的，但是你也可以用谁的都行）

怎么做：

1. 比较一下耳垂的长度。

2. 比较牙齿的高度。

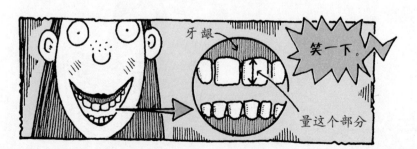

你会发现：

1. 老的身体耳垂通常更下垂。由于地球的引力，它们在一生中会越变越长。

2. 俗话说得对——老的身体就是"年纪大了，牙齿长了"。岁月使牙龈萎缩，牙齿会显得更长。

作者的话：

身体的优点也不应该抹杀。上面谈到的许多问题都是很小的错误，保护良好的身体依然可以在今后许多年里为你提供有用的服务。

有一件事情是老的身体非常善于干的——照顾新生的身体。下面一章就是讲这些小身体是如何工作的，以及如何照顾他们。但我要提前告诉你，他们疯狂、野蛮、毫无教养。往下读你要自己负责的。

新生婴儿诞生记

啊！ 噢！ 哎！ 呀！ 啦！

人的身体不仅仅是走路、说话、拉屎、撒尿、睡觉、做梦，他们还可以生产更多的身体。想想这件奇妙的事！你有一台电视机，我敢打赌它绝对不会变成两台；而你的自动擦屁股器在一百亿年内也不会给你生一个新的。但人的身体不同，他们确实被设计成可以生出新的身体（按照通常的说法，叫做婴儿）。

当然，对于身体主人来说，这很专业，也很复杂，幸亏我们有身体专家的指导。男爵刚刚用身体的零件造了一个婴儿，他管她叫"小怪物"。现在小怪物正和她的创造者在一起……

小怪物，别咬那个手指，把它放回那个装其他零件的瓶子里去……

吸吮！ 吸吮！

身体的主人并不是用身体零件生产婴儿的。身体有固定的程序，不需要把别人的身体切开。

身体如何制造婴儿

第一件事是一个身体与另一个身体组成一组，需要两个成年的身体（一个男性的和一个女性的，通常叫做夫妻）。有下面这样的身体就可以了：

a）活着

b）彼此相爱

肺在呼吸，心在跳动……

    在这个时候，这两个身体的主人要问自己，他们是否愿意喂养这个新生的婴儿，爱他，照顾他，直到这个新的身体可以自己照顾自己。

    这两个成年的身体已经配备好了制造婴儿的设备。女性（也叫妈妈）产生一种微小的带DNA的物质——卵子，卵子从两个发达的装配和储存的地方（又叫卵巢）中的一个出发。男性（也叫爸爸）在睾丸里产生数不清的更小的DNA的携带体（又叫精子）。每个精子给卵子带去一份复制的男性DNA。

X光下的卵子工厂（女性）

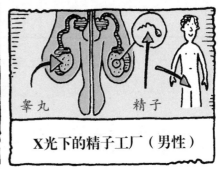

X光下的精子工厂（男性）

    身体的主人在混合卵子和精子的过程中，通过感官可以有很多的乐趣和浪漫的激情。但是自1978年之后，科学家们可以在不那么浪漫的试管里完成这项工作。

不可思议的卵子精子大赛

身体的主人一定会对精子到达母体的情况感兴趣。一般来讲，精子做它们应该做的事——向卵子游过去。对精子来说，这可是艰苦的长距离马拉松，就像一个成年人游160千米——2000个大游泳池那么长。我们看看比赛如何……

我们的精子摇动尾巴，周围有4亿个精子。真的很辛苦，它摇1000次才能前进1厘米。这个比赛要进行19个小时。继续努力啊，小家伙！

身体数据

虽然大小不同，人的身体不可能像微观的精子游得那么快。比如在1989年，瑞典人安德斯·伏瓦斯游过100千米，他花了24个小时。

只有大约100个精子可以到达卵子，也就是说399 999 900个精子不能成功——它们都死了。活下来的精子释放出化学物质让卵子的保护层溶化。卵子要比精子大1000倍，这就有点像小蝌蚪在行星上挖洞。

最后，我们的精子终于胜利地钻了进去。

它非常兴奋，保佑它，它的尾巴都掉了！

现在是做身体计划的重要时刻。今后的几个小时之内，新的身体的样子就会生出来——精子和卵子将它们的DNA合并，制造出新生命的蓝图。希望它们在细节上意见都一致。

身体数据

德国的身体专家帕拉切尔苏斯（1493—1541）说，你可以用精子和马粪混合40天，就可以造出没有灵魂的人。如果真是这样，世界上就全是坏人了。

所有的身体主人读到这里，都会觉得制造一个新的身体听起来非常复杂——的确如此。但这才只是9个月的孕育过程的开始阶段。当新的身体从母体的养育室出来（也叫做出生），这个过程才结束。我们来看看"冷酷"医生在他的书里是怎么讲的：

傻瓜病人的健康指南

制造婴儿

简单病人的简单指南

我之所以写这一章，就是为了阻止我的病人总问一些关于婴儿的愚蠢的问题。

他们还认为我在帮他们呢！实际上，我不赞成有小孩。他们又吵又乱，经常呕吐和便秘，这又使他们更吵更乱。

人们为什么要孩子我不知道。对一个聪明的人来讲，有更有趣的事情可做，比如研究疑难疾病，收集身体的零件！尽管如此，还是有大量的婴儿出生。在过去的几分钟内就有1600个出生，今天结束的时候将有750 000个，一年里有2.8亿个。对于像我这样一直辛苦的医生来说，工作更多了。

从卵子到婴儿

第一周

我不想讲卵子和精子是怎么融合到一起的，任何傻瓜都知道。有的时候，两个卵子遇到两个精子产生双胞胎的身体。更罕见的是，一个发育的卵子分裂成两个卵子，形成两个有相同DNA的身体——称为同卵双生。听起来就可怕，麻烦多了一倍，花费也多了一倍。

之后，卵子在母性的身体（又叫子宫）里扎下根。卵子靠母体生活，分泌出化学物质将一些子宫的细胞分解，作为自己的食物。当然，这个小顽童从此就一直想要免费的食物。

卵子分裂成新的细胞，这些新细胞每两天再分裂。听起来不那么精彩，但是20次分裂之后，卵子就变成100万个细胞。一个9岁的小孩若要按这个速度生长的话，在13天里就会有10 000米高——比珠穆朗玛峰都高。真是个噩梦！一个愚蠢的病人跟我说，她的孩子多长了一只脚，我告诉她多织一只袜子就行了。哈哈！

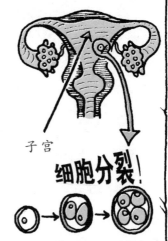

子宫

细胞分裂！

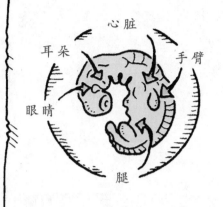

心脏

耳朵　　　手臂

眼睛

腿

第五周

　　这个时候，婴儿的心脏开始跳动。当然，还很小，不比一粒米大。妈妈携带起来也还不算太重。

第七周

　　婴儿的眼睛开始有反应，可以看到透过母体的光线。婴儿也开始长手指和脚趾，可以摸得到了！

第八周

　　婴儿现在像鸡蛋那么大了。我不想开什么玩笑，因为我不喜欢廉价的玩笑。

第九周

　　婴儿继续发育，胃已经开始分泌消化液了。现在的婴儿在水一样的泡沫里漂浮，通过与母体相连的一根管子获取营养。如果大一点的孩子也能放在泡沫里，用管子喂食，我想他们就不会那么淘气。这个想法还不错！

医生称婴儿的全能喂养和生命支持系统为胎盘。妈妈的血液不能供给婴儿，但是胎盘可以供应婴儿需要的一切化学物质和食物，并且把婴儿血液中的废物排除。整个过程只需要30秒。要是我能这么快就治好我的病人就好了！

第十一周

如果子宫里是一对双胞胎，11个星期后，他们就开始打架。我说，该强调纪律了！

身体数据

"冷酷"医生说，在下一个星期，他们就成为朋友，可以互相拥抱了。这是真的！换句话说，如果你的身体里恰好有一对双胞胎，在他们出生前，他们是先打架，后和好。

我们再往下看：

第十二周

婴儿不讲卫生。他们想做什么就做什么，再让父母把他们清理干净。实际上，这个丢人的行为在出生前就开始了。在第十二个星期，婴儿开始在泡

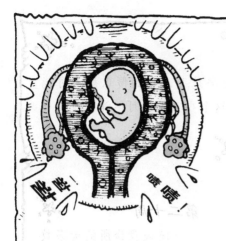

沫里撒尿。这个小家伙应该清扫一下自己的房间。不幸的是，他喝里面的水，自然也包括自己的尿了。真恶心！

第十三周

婴儿继续发育大脑，开始可以通过发育中的听觉系统听到声音。当然，他此时的状态还不如一个傻瓜病人聪明，但是他每分钟生产250 000个脑细胞。而我的病人看上去每分钟都在减少脑细胞。

比傻瓜还傻，你是什么意思？

第十四周

婴儿大多数时间在睡觉，妈妈的心跳、呼吸、胃液的流动都不能打扰他。当然，有些人是烦人地吵闹，比如我的病人在小手术的时候，使我不得不很粗鲁。

安静点！

第十六周

这一周，婴儿可以打嗝了。我的一个傻瓜病人吞了一个胶卷才打嗝。我告诉她，如果照片洗出来，给我打电话。

第十九周

听说在这个星期婴儿身上全是毛，我的傻瓜病人可能会搞糊涂了。只有这个时候，这个小家伙才可能浑身是头皮屑。哈哈！

第二十周

像来我诊所的大多数儿童一样，未出生的婴儿也很难坐稳。他们不好好地等待出生，而是玩各种游戏，翻跟头，踢腿，皱眉，摸脸，挥着手臂，嘴巴一张一闭。就是想引起别人注意。

喘息！

第二十一周

妈妈的身体开始觉得不舒服。这个自私孩子坚持要长大，即使把妈妈的心脏和肺都挤疼了，让她喘不上气来，让她忍受背痛。但是我想我们不应该责怪婴儿，生孩子是自然的结果。

与此同时，妈妈要给婴儿提供更多的营养。她的肺要多吸进20%的空气，她的心脏和肾要多处理50%的血。当她的膀胱受到挤压，她要不停地去厕所。没有人会说，生孩子很容易。没有付出，就没有收获，我经常这么说。

第二十六周

婴儿身上的毛掉了。类似的事情也发生在我的脑袋上，真可恶！我不希望听见关于这件事的笑话。

第二十八周

虽然还没有出生，婴儿已经能辨认妈妈的声音。我想，任何一个傻瓜都能做到。

没有多大地方了！

我要出来了！

第三十六周

终于，子宫的肌肉开始紧缩，婴儿被送了出来。这个过程可能要持续几个小时，婴儿可能很不舒服，对妈妈则是痛苦。

拥拥挤挤！

拥拥挤挤！

作为一个医生，我接生了很多个婴儿。最主要的是让婴儿感到温暖，虽然他还不会颤抖。把喂养管（脐带）切掉也是必要的，切下的一头会被扔掉。如果哪个读者发现了这么一段，可以给我，我正在整理我的医学收藏呢……

好奇怪的表达方式

答案

错误。umbilicus是另一个身体专家时髦的术语，指喂养管（就是脐带）进入你身体的地方，你可以叫它肚脐。

出生对婴儿来说也是艰苦的。他一从母体里出来，身体就要重新安排血流的方向，使血液围绕心脏流动，还要调整呼吸系统，让肺里充满空气而不是水。如果不这样，他会立即死亡。谢天谢地，几乎每个婴儿都做得到。现在好了，一个新生的身体工作良好！

婴儿看世界的第一眼是很恐怖的。除了第一眼看到爸爸妈妈时的惊讶外，他还看不清楚。婴儿的脑子还不能正确地使用视觉，他看的是双影——那里有两对爸爸妈妈，而且是颠倒着的。难怪新生的婴儿要哭呢！

你就是这么看的，我的小家伙。别放弃！那是什么？你想玩石子？好，眼球在那个瓶子里……

身体数据

新生婴儿拉的屎是绿色的。他们9个月都没拉屎了，绿色来自肝释放的胆汁消化液。年长的身体主人一定要确保他们的身体排泄次数更多。我们来看看"冷酷"医生对婴儿说了些什么……

在我心底里，我认为所有的新生婴儿都是丑八怪。下面是一个典型的丑模样的婴儿……

他们出生的时候，头通常是压扁的。头里面的骨头还没有长好（不过这没关系，以后会好的）

满是斑点的皮肤，有皱纹、肿大的红眼睛

头占了身体长度的四分之一，头和肩膀一样宽

太可爱了！ 我的宝贝！

如果我的一个病人看上去像这样，其他人一定会大叫着逃走，让我的诊室空空荡荡。有这样一天多好！可是溺爱孩子的父母表现则是完全不同的……

溺爱的父母

身体数据

实际上，除了"冷酷"医生的脑子，人的脑子总觉得婴儿的脸可爱又迷人，似乎脑子就应该被设计成这样。他们也会被婴儿的哭声欺骗，就像小怪物做的这样……

哇！哇！

你不想玩眼球了。怎么了，小怪物？

我发现这一切愚蠢和不理智的行为很烦。当然最后总是以眼泪结束，通常是婴儿的眼泪。婴儿有需要的时候才哭，例如需要抱抱，需要打嗝，需要放屁。更多的时候是他们想吃东西，这些表现不好的小坏蛋……

实际上，成年女性的身体上就有一个喂养婴儿的系统。哇！如果有卖的就太好了……

身体产品商店隆重推出

妈妈的奶

在这儿！

你每天可以喝一升，全部免费。

含有所有婴儿需要的维生素和矿物质，以及杀菌的抗体。

比起牛奶来，婴儿们更喜欢妈妈的奶（味道更甜）。

——《宝宝新闻》

读到这里，身体的主人会问，以上这些对婴儿到底有什么用？他们能做什么？吃、睡、打嗝、拉屎、撒尿？错了！婴儿的身体是由DNA控制的，一天24小时都在发展变化——没有什么可以阻止他们……

比方说，在出生的时候，婴儿的体重是成年人的1/20，但他的体重在两年内就可以增加4倍。两年内，婴儿可以爬150千米。自我调整的头脑将提供正确的数据和平衡的控制，使自己开始走路。

事实上，走路比看上去要难得多，因为要学会正确使用200块肌肉。但是聪明的婴儿自己就学会了，而且他们还继续前进，做历史上的动物从没做过的事……他们说话了！

身体数据

1. 20世纪70年代，科学家赫伯特·泰瑞斯试图教一个叫尼姆的黑猩猩手语。像人类的婴儿一样，尼姆学会了淘气，也学会了使用便盆，但是在4年之内，它只学会了125个单词的手势。人类婴儿在同样的时间里可以学会1500个单词。因此可怜的尼姆证明自己只是个黑猩猩，仅此而已。

2. 人的头脑还要继续储存更多的单词。因为你一生中聊天的时间就有10年，记得吗？这是值得谈谈的。知道很多单词以及它们写在纸上是什么样子，才能帮助你的身体读这本书。

我的手语的意思是："你想要什么？"我只是只黑猩猩，你这个笨蛋！

好了，身体的主人们，这本《身体使用手册》基本上读完了。还有时间看下一章——咦？我放在哪里了？

小怪物，你在干什么？你在上面做了什么？噢！我想我可以把它弄干的……

给身体主人最后的忠告

你已经知道了，做身体的主人是你全天的工作。虽然身体有惊人的自动特征，它最终还是要依靠你才能正常地工作。实际上，这正是这本手册要告诉你的——和你的身体交朋友。

在你的身体还很新，而且正在生长的时候，就应该改善你的身体。这个时候你可以给身体最好的营养，锻炼也有最好的效果。破烂不堪的衰老身体受到温柔的关怀和正确的治疗后，都可以得到改善，别说现在的你了……

《身体使用手册》的建议

▶ 锻炼你的肌肉、肺和心脏，使你在漫长的一生中保持健壮。有规律地锻炼可以延缓衰老。

▶ 越多使用你的脑子，你的脑子就越好用。用脑子干越多的工作，你会干得更快、更聪明。

▶ 给你的身体以正确的饮食，使你的身体保持得更长久。这意味着要补充新鲜的食物、大量的蔬菜和水果，以及含有抗氧化剂的奇妙的东西。

155

没有哪个身体会得到永久的保证，但是受到关爱的身体活得更长。在100年之内，你的身体不可能像猎豹一样奔跑，像壁虎一样攀爬，像海豹一样游泳，像鹰一样飞翔，或是听力像蝙蝠那样敏锐。但是你的身体适合做数不清的工作，只有头脑里想象的空间才是你的极限。你的身体全是你的，一辈子！

疯狂测试

身体使用手册

现在来看看，
你是不是身体使用方面的专家！

出什么事儿了？

他笑他的脑袋掉了！

基本的身体保养

各位身体的主人们注意了！若是您在阅读本书时打开了您体内的中央信息处理单元（或者也叫做脑袋），那么您就应该知道如何使您的身体保持最佳的状态。来做做下面的测试题，看看你能不能选出正确的身体保养诀窍。

1. 为什么说摄取足够的水份很重要？

a) 人体内大部分是水并且需要不断地补充

b) 因为水里所含的氧气会被血液吸收

c) 为了尽可能快地冲走内脏中的垃圾

2. 年轻的身体每晚需要多少小时的睡眠？

a) 2到3小时就够了——年轻人的身体比起年长的拥有更多能量

b) 9或10小时——这样才能确保你在科学课上不打盹

c) 至少12小时——年轻人在白天用掉了许多能量因而需要大量睡眠

3. 保持牙齿洁净，防止口臭，最有效的方法是什么？

a) 刷牙时做圆周运动，用少量牙膏即可

b) 用足量的牙膏上下刷

c) 每天用一大包薄荷牙膏会让你时刻保持口气清新

4. 修剪脚指甲的最佳方法是什么？

a) 平行剪——简单易行

b) 顺着脚趾的形状弯曲着剪——让你的小脚趾变得漂漂亮亮的

c) 用牙齿咬掉

5. 为什么一定要把脚趾之间的缝隙擦干？

a) 为了避免出现恶心的皮肤脱落

b) 为了防止袜子滑落

c) 为了预防脚趾中长出真菌

6. 身体的哪一部分散热最多？

a) 臀部——这就是内裤被发明出来的原因

b) 头部——带帽子给头部保暖

c) 双脚——穿袜子给脚趾保暖

7. 下列哪一种情况是由于吞食过快所造成的？

a) 打饱嗝

b) 腹泻

c) 腋下不断出汗

1. a)；2. b)；3. a)；4. a)；5. c)；6. b)；7. a)。

不可思议的器官

你体内的各种器官维护着你这台身体机器的运转，倘若失去了它们，很多重要的事情你都无法做到，比如说——呼吸，甚至就连上厕所这样最简单的事情也不可能完成。将下列器官和其在你体内所对应的职能配对，看看你是否真的了解你身体里的这些功臣们。

1. 控制一切——从眨眼到教训你的小弟弟。

2. 生成可怕的但有助于消化的汁水，将食物分解成各类神奇的化学物质来维持身体运转。

3. 这个奇怪的器官能杀死没用的红血球，离开它你就无法生存。

4. 维持血液在你体内流动。

5. 收集并储存尿液以防在错误的时刻出现尿裤子的尴尬。

6. 从空气中为身体吸收养分。

7. 储存起各类有用的营养物质为身体提供所需能量。

8. 重要的过滤系统，为身体清除掉无用的化学物质和水分。

a) 肺

b) 心脏

c) 肾脏

d) 脾脏

e) 肝

f) 大脑

g) 膀胱

h) 胃

 答案

1.f）；2.h）；3.d）；4.b）；5.g）；6.a）；7.e）；8.c）。

感知你的感官

从能够洞察一切的眼球到让你饱享美味的味蕾，你的五官们帮助你感知这个世界。然而并不是所有你听到看到（或者是尝到摸到）的事物都如同它表面上所呈现的那样。看一下这些奇怪的言论，用你的常识来判断一下哪些是对的，哪些是错的。

1. 你神奇的身体中配备了5个超级感觉器官：视觉、嗅觉、味觉、触觉和听觉。

2. 如果你打喷嚏时睁大眼睛，那么你的眼球就会掉出来滚落在房间里。

3. 你敏感的皮肤是身上最重的器官。

4. 女孩的嗅觉比男孩强。

5. 你聪明的大脑让你眨眼是为了防止过多的光线进入眼睛。

6. 你敏锐的舌头可以分辨出5种味道。

7. 你感冒的时候无法尝出味道是因为当你失去了嗅觉，味觉也一并失去了。

1. 错误。事实上科学家们无法统一究竟有多少种感觉器官。有些人认为疼痛和平衡也属于感官。

2. 错误。这么大了你应该知道你的身体才没有这么差劲。放心，强壮的肌肉会牢牢地抓着你的眼球。

3. 正确。你可能不知道皮肤也是器官，但事实上它是，并且皮肤占到了身体总重量的16%。

4. 正确。这种说法完全正确（哈哈！），科学家们已经证实女生可爱的鼻子比男生的更灵敏。

5. 错误。眨眼和流眼泪是为了清洁眼球——而你的眼皮就像风挡玻璃上的小型刷子。

6. 正确。舌头可以尝出5种味道，它们分别是甜味、咸味、酸味、苦味和鲜味。

7. 错误。味觉和嗅觉是两种独立的感觉，因此科学地讲两者是不会相互影响的。不过，食物的气味是会影响到你对食物的感觉。所以在你鼻子不畅通的时候，你尝到的食物可能就不那么美味了。

消化旅行

作为一个负责任的主人，你应该知道有规律地为身体补充食物是多么重要。可是你知道当你吞下一个潮乎乎的三明治时发生了什么吗？跟随食物在你的身体里做一次实景旅行，在横线处填上遗漏的词语。

有趣的消化旅行从你的____1____出发，在那里滑滑的三明治被牙齿细细地咀嚼，然后被____2____溶解。当它全部变成一团软软的又黏糊糊的物质后，便穿过一条狭长的管道来到你的____3____。在这里你的肌肉就像一台巨大的洗衣机对它进行搅拌，喷射出____4____将它变成半流质。先前的三明治此时变成了鼻涕状的东西，流入你的____5____，在那里部分物质被你的____6____吸收，剩下那些未被碾碎的以及碾碎后被消化过所剩余的残渣就变成了____7____。三明治中任何残余的液体都会变成____8____排出。想想看——当你在填这张表的时候，你的身体里正在发生这一切……

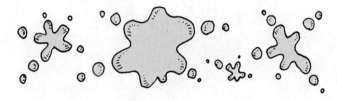

a) 肠道

b) 粪便

c) 胃

d) 嘴

e) 尿液

f) 血液

g) 唾液

h) 胃液

1.d）；2.g）；3.c）；4.h）；5.a）；6.f）；7.b）；8.e)。

"经典科学" 系列（26册）

肚子里的恶心事儿
丑陋的虫子
显微镜下的怪物
动物惊奇
植物的咒语
臭屁的大脑
神奇的肢体碎片
身体使用手册
杀人疾病全记录
进化之谜
时间揭秘
触电惊魂
力的惊险故事
声音的魔力
神秘莫测的光
能量怪物
化学也疯狂
受苦受难的科学家
改变世界的科学实验
魔鬼头脑训练营
"末日"来临
鏖战飞行
目瞪口呆话发明
动物的狩猎绝招
恐怖的实验
致命毒药

"经典数学" 系列（12册）

要命的数学
特别要命的数学
绝望的分数
你真的会＋－×÷吗
数字——破解万物的钥匙
逃不出的怪圈——圆和其他图形
寻找你的幸运星——概率的秘密
测来测去——长度、面积和体积
数学头脑训练营
玩转几何
代数任我行
超级公式

"科学新知" 系列（17册）

破案术大全
墓室里的秘密
密码全攻略
外星人的疯狂旅行
魔术全揭秘
超级建筑
超能电脑
电影特技魔法秀
街上流行机器人
美妙的电影
我为音乐狂
巧克力秘闻
神奇的互联网
太空旅行记
消逝的恐龙
艺术家的魔法秀
不为人知的奥运故事

"自然探秘" 系列（12册）

惊险南北极
地震了！快跑！
发威的火山
愤怒的河流
绝顶探险
杀人风暴
死亡沙漠
无情的海洋
雨林深处
勇敢者大冒险
鬼怪之湖
荒野之岛

"体验课堂" 系列（4册）

体验丛林
体验沙漠
体验鲨鱼
体验宇宙

"中国特辑" 系列（1册）

谁来拯救地球